非完美随机源密码学

姚燕青　著

北京航空航天大学出版社

内容简介

非完美随机源密码学领域的一个根本性的问题是：基于非完美随机源的密码体制是否仍然具有安全性？本书围绕此问题进行阐述，涉及的密码体制包括：哈希函数、消息认证码、签名方案、抽取器、加密方案、承诺、秘密分享、差分隐私、密钥生成函数、伪随机数生成器等。本书介绍了非完美随机源密码学的研究背景、意义及发展沿革，研究所需的基础知识；重点介绍了基于非完美随机源的密码体制的安全性、基于偏差-控制受限源的差分隐私机制、基于弱密钥的密码体制的安全性、基于互信息的密码体制的安全性、种子更短的非延展抽取器及其应用。

本书可作为网络空间安全、计算机科学与技术、数学等专业本科生的科研课堂教材，密码学、信息安全、应用数学等方向研究生的研讨班教材，也可作为从事网络空间安全、计算机安全或数学研究工作的科研人员及相关工程技术人员的参考书。

图书在版编目(CIP)数据

非完美随机源密码学 / 姚燕青著. -- 北京 ：北京航空航天大学出版社，2024.1

ISBN 978-7-5124-4056-2

Ⅰ. ①非… Ⅱ. ①姚… Ⅲ. ①密码学②数据处理—安全技术 Ⅳ. ①TN918.1②TP274

中国国家版本馆 CIP 数据核字(2023)第 040342 号

非完美随机源密码学

姚燕青　著

策划编辑　董立娟　　责任编辑　刘晓明

*

北京航空航天大学出版社出版发行

北京市海淀区学院路 37 号(邮编 100191)　http://www.buaapress.com.cn

发行部电话：(010)82317024　传真：(010)82328026

读者信箱：emsbook@buaacm.com.cn　邮购电话：(010)82316936

北京富资园科技发展有限公司印装　各地书店经销

*

开本：710×1 000　1/16　印张：8.5　字数：181 千字

2024 年 1 月第 1 版　2024 年 1 月第 1 次印刷

ISBN 978-7-5124-4056-2　定价：49.00 元

若本书有倒页、脱页、缺页等印装质量问题，请与本社发行部联系调换。联系电话：(010)82317024

前　言

随着互联网的广泛普及和社会信息化的不断加深，各种信息安全问题也伴随而生，例如，美国“棱镜门”窃密计划曝光，谷歌、雅虎和微软等企业超2.7亿电子邮箱信息泄露，Facebook超5亿用户数据泄露，“滴滴出行”App严重违法违规收集使用个人信息，等等。随着全球网络安全威胁的不断加大，世界各国对网络空间和信息安全的关注度明显上升，均把网络安全战略政策的制定、落实作为国家安全的重要任务之一进行部署。习近平总书记始终高度重视网络安全工作：“没有网络安全就没有国家安全，就没有经济社会稳定运行，广大人民群众利益也难以得到保障。”可见，网络信息安全对国民经济和社会发展至关重要。

密码学是网络信息安全的理论基础和必要保证。密码系统的输出必须在敌手看来是一系列的随机值，看起来与原始信息毫无关联。在设计密码系统时，密钥必须为随机的，否则破解密文将不再困难。密码学中著名的Kerckhoff准则为：“一个密码系统的安全性都应该基于密钥的安全性，而不是基于算法的细节的安全性”。可见，密钥的随机性在密码系统中起着极其关键的作用。在公钥加密体制中，为了实现选择明文攻击下的不可区分性，除了要求公钥和明文在敌手看来是随机的之外，每次加密中还需引入新鲜独立的随机串。因此，随机性在某种程度上决定了密码系统的安全性。

传统的密码学原语理想地假设秘密服从均匀随机分布，但在现实世界中往往并非如此。例如，若秘密源为生物数据、物理源、部分泄露的秘密源、被敌手篡改的源等，则它不是完美随机的。我们把一些非均匀分布构成的集合称为“非完美随机源”(Imperfect Random Source)。当今密码学领域的一个研究热点和难点问题是：理想世界中安全的密码学原语和差分隐私机制在非完美随机源下是否仍具有安全性？本书围绕此问题进行阐述，并以作者的博士学位论文（获“2018年中国密码学会优秀博士学位论文奖”）为基础，结合该领域的发展和作者博士毕业后的一些成果分析整理而成。本书研究的密码学原语和隐私机制涵盖了哈希函数、消息认证码、签名方案、抽取器、加密方案、承诺、秘密分享、差分隐私、密钥生成函数、伪随机数生成器等。全书分为7章。第1章为绪论，主要介绍基于非完美随机源密码学的研究背景、意义及发展沿革；第2章为非完美随机源密码学的基础知识；第3～7章分别为基于非完美随机源的密码体制的安全性、基于偏差-控制受限源的差分隐私机制、基于弱随机密钥的密码体制的安全性、基于互信息的传统隐私和差分隐私机制的安全性、种子更短的非延展抽取器及其应用研究。本书尽量系统地阐述非完美随机源密码学，以便网络空间安全、计算机科学与技术、数学等专业本科生，以及密码学、信息安全、应用数学等方向研究生学习研讨，也便于从事网络空间安全、计算机安全或数学研究工作的科研人员及相关工程技术人员学习。

本书在编写过程中得到了北京航空航天大学许多师生和国内外许多同行的支持和帮助，在此向他们表示衷心的感谢。此外，特别感谢我的博士生导师李舟军教授和 Yevgeniy Dodis 教授对我的悉心指导，特别感谢刘建伟院长和我先生对我编写此书的不断鼓励和支持。另外，特别感谢国家自然科学基金面上项目(项目编号：62072023)、国家重点研发计划(项目编号：2021YB3100400)、北京航空航天大学“十四五”教材/专著规划、北京航空航天大学第十批青年拔尖人才支持计划等项目的支持。

由于作者水平有限，书中难免有错误、疏漏之处，恳请广大读者批评指正。

姚燕青

2023年12月

目　　录

第1章 绪 论

1.1 背景和意义

密码学是信息安全的核心。密码学原语包括：哈希函数、消息认证码、签名方案、抽取器、加密方案、承诺、秘密分享、差分隐私、密钥生成函数、伪随机数生成器等，这些都需要随机性。密码系统的输出必须在敌手看来是一系列的随机值，看起来与原始信息毫无关联。在设计密码系统时，密钥必须为随机的，否则破解密文将不再困难。国际顶级密码学家 Yevgeniy Dodis 认为[1]，“密码学中的随机性就像人们呼吸的空气，没有随机源什么都做不了。”传统的密码模型理所当然地认为完美随机源(即输出为无偏和独立随机位的源)是可用的，其密码模型的安全性建立在完美随机源(该源输出无偏的相互独立的随机位)的基础上。然而，在现实世界中往往并非如此，我们必须处理各种非完美的随机源。例如：若秘密源为生物数据(如虹膜、指纹和声音)[2-3]、物理源(如 Geiger 计数器、磁盘访问次数等多种计算机统计数据)[4-5]、部分泄露的秘密(如辐射、功率、运行时间及故障检测)、Diffie-Hellman 密钥交换中的群元素[6-7]时，则它不是完美随机的，相应的分布不服从均匀分布。这样的一些分布构成的集合称为“非完美随机源 (Imperfect Random Source)”。

计算机有很多尝试寻找可应用于密码的随机源方法。例如，计算机可以通过跟踪物理过程(例如处理器温度、中断时间或鼠标的移动等)来创建一个数字序列或收集比特[1]。这些源不能被保证甚至不可能产生完美随机源。幸运的是，这样的不完美的来源仍可满足密码学的许多实际应用。

我们遇到的源往往是非完美随机源。用源的信息熵来描述信息源各可能事件发生的不可预测性、不确定性。例如，一个 100 位的源的信息熵的范围在 0(完全可以预测)～100(真随机)比特之间；20 比特的熵保证源不能以大于 2^{-20} 的概率被推测，该值比百万分之一更小[1]。秘密至少需要几百比特的熵，否则它们可以很容易被猜到[1]。仅仅这一度量还不够，因为 100 比特的真随机源要比有 100 比特熵(熵“分散”在其他地方可预测的碎片)的百万比特随机源有用得多[1]。

目前已出现了一些形式化的模型(例如参考文献[8-16])来抽象非完美随机源(见参考文献[17])。粗略地说，它们分为可抽取的和不可抽取的。可抽取的源(例如参考文献[9-10,13,15])允许几乎均匀分布的确定性抽取。尽管使得抽取比率和效率最优化是很有趣的问题，但从质的角度，适用于完美随机源的应用中的源都可用可抽取的源来代替。不幸的是，人们很快意识到现实中的许多源不是可抽取的[11-12,14]。最简单的例子是 SV(Santha-Vazirani)源[14]，该源产生一系列的位 $r_1, r_2, \cdots$，满足 $\Pr[r_i=0 \mid r_1, \cdots, r_{i-1}] \in \left[\frac{1}{2}(1-\gamma), \frac{1}{2}(1+\gamma)\right]$，这里 i 为任意正整数。Santha 和 Vazirani 得到结论：不管有多少个 SV 位 $r_1, \cdots, r_n$，均不存在 1 位的确定性抽取器 $\mathrm{Ext}: \{0,1\}^n \to \{0,1\}$，能够从 γ - SV 源中抽取出偏差严格小于 γ 的 1 位[14]。

尽管这个负面的结果排除了适用于所有应用的从完美随机源到非完美随机源(例如 SV 源)的"黑箱编译器"的存在，但人们仍然希望特定的"不可提取"的源(例如 SV 源)足以适用于具体的应用(例如模拟概率算法、密码学)。事实上，对于概率多项式时间算法的模拟和认证应用已经有了许多正面结果。一系列结果[8,11,14,16,18]表明：很"弱"的源(包括 SV 源，甚至更弱的切合实际的"弱"源和"块"源)对于模拟概率多项式时间的算法已经足够，也就是说，对于那些在本质上不需要随机源，不过用随机源时将潜在地提高效率的问题来说，用很"弱"的源已经足够。另外，即使在以随机源为基本考虑对象的密码学(例如密钥生成算法)中，许多不可抽取的源(例如 SV 源)足以适用于适当的困难性假设下的消息认证码[19-20]、数字签名方案[21]、密钥协商[21]及身份认证协议[21]。又如，人们发现即使是非常分散的熵(scattered entropy)，可能对于认证任务(如数字签名)已足够[22]。直观地讲，由于认证应用仅仅要求完全猜测(即伪造)某些长布尔串对于攻击者来说是困难的，因此知道源的最小熵已足以实现成功认证。然而，在处理隐私应用 (如加密、承诺、零知识和其他一些应用)时，情况似乎不那么尽如人意。在一系列基石性的论文如参考文献[14,21-23]中，人们发现该结果对于隐私应用(如加密方案)并不成立，该任务不能仅仅基于信息熵。甚至更令人惊讶的是，这对理解随机性在密码学中的作用有着重要的哲学意义——这些隐私任务需要真正的随机性[1]。有一些有意义的方法可克服这一事实，比如隐私放大(privacy amplification)协议[1]。

1.2 非完美随机源密码学的发展沿革

非完美随机源密码学的历史可追溯到 20 世纪 80 年代。隐私放大(privacy amplification)的概念由 Bennett 等人于 1988 年提出。隐私放大协议将两个初始的源，即完美的公开源(perfect public source)和非完美的秘密源(imperfect secret source)结合起来，抽取出一个新的、近乎完美(nearly perfect)的和秘密的源。换句话说，公开完美随机源可以用来"净化"非完美的秘密随机源。该过程的成功程度通过最小化"熵损失"来衡量。熵损失是指作为输入的秘密源的熵和作为输出的近乎完美的随机源(nearly perfect randomness)的长度之间的差异。在隐私放大协议方面，已有工作在熵损失为 128 比特时可实现 2^{-64} 的"工业级"安全性[1]。这是昂贵的代价，因为很多情况下熵已经很稀少，比如取自生物数据时[1]。

采取相关技术由非完美随机源来“抽取”一个好得多的源的随机抽取器是一个处理非完美随机源的有力工具。Dodis 首次在他的博士学位论文[24]中用到了这样的抽取器[1]。利用随机抽取器作为一个重要组成部分，他发现了“弹性泄露密码学”（即即使密钥的一部分信息被泄露，例如，硬件可能被偷、遭受黑客攻击，或恶意软件可能会提取一些机密信息，仍能维持密钥的可用性）中的许多问题的解决方法[1,24]。他发现攻击者通过小心翼翼地在真正的秘密中抽取一个更短的“虚拟秘密”，能在不危及应用程序（without the application being compromised）的情况下揭开一些真正的秘密[24]。这个虚拟的秘密将绝对安全，即使真正的秘密部分被泄露（partially compromised）。

在最近的一系列工作中，Dodis 等人以明显更低的熵损失（对于任意认证来说，以仅仅 10 比特的熵损失；对于加密等多数隐私应用来说，以 64 比特的熵损失）实现了相同水平的安全性。该研究结果具有重要的现实意义，正如密码学家 Yevgeniy Dodis 所说，“如果你需要随机性来生成密钥，你不需要与全随机抽取（full randomness extraction）有相等的熵”。（该段落摘自参考文献[1]。）

该领域的一个重要发现是 Dodis、Reyzin 和 Smith[25]解决了从生物特征数据和其他噪声数据（如指纹、视网膜扫描数据）中安全地抽取密码密钥的难题。该成果目前的引用已超过 2 500 次，获得了欧密会“时间考验”奖。具体来说，这样的数据在熵方面不完美，且含有噪声：重复读取相同的数据得到的结果可能很接近，但不完全相同。由此得到的密码原语称为模糊抽取器（fuzzy extractor）。正如 Dodis 所说，“第一次我通过测量我的指纹来提取密钥。这是真实的秘密。下次我再测量手指的时候，结果和上一次的很接近，但不完全一样。我如何可靠地从接近但含噪声的读取信息中提取相同的密钥?”这项工作是关于模糊抽取器的，该思想在生物特征识别之外还有许多意想不到的应用，例如差分隐私、物理不可克隆功能（physically unclonable functions）等。（该段摘自参考文献[1]。）

另外，其他代表性的工作例举如下。Johns Hopkins University 的 Xin Li 老师的博士学位论文《基于一般弱随机源的分布式计算与密码学》[26]对基于非完美随机源的抽取器、非延展抽取器、隐私放大协议等进行了研究。Harvard University 的 Vadhan 教授的教材 *Pseudorandorness*[27]中部分内容讲授随机抽取器和随机数生成器。参考文献[28-29]研究了将密码方案中的完美随机源替换为非完美随源时导致的安全损失。参考文献[30-31]针对将完美的公共参考字符串（perfect common reference string）替换为某种类型的非完美随机源时的场景进行了研究。Dodis 和 Yu[32]研究了带非完美随机密钥的密码学原语的安全性。

1.2.1 基于非完美随机源的随机数生成器

随机数在网络安全各种应用的加密算法中起着重要的作用。基于密码学的大量网络安全算法和协议都使用了二进制随机数，例如，在密钥分发和相互认证方案、会话密钥的产生、公钥密码算法中密钥的产生、对称流密码加密的位流的产生等。在随机数的各种应用中，都要求随机数序列满足两个特性：随机性和不可预测性。在设计密码算法时，由于真随机数难以获得，经常使用似乎是随机的序列，这样的序列称为伪随机数序列，这样的随机数称为伪随机数。真随机数发生器(TRNG)把一个很随机的源或诸源的组合作为算法的输入，这个源常称为熵源，产生随机的二元输出。在物理噪声产生器中，如离子辐射脉冲检测器、气体放电管、漏电电容等都可作为熵源来产生随机数。在计算机环境中，熵源可从键盘敲击时间模式、磁盘的电活动、鼠标移动、系统时间的瞬时值等中抽取。RFC 4086 列出了声音/图像输入、磁盘驱动等随机源，这些都可用计算机来产生真随机序列。TRNG 需要相当长的时间生成数字，这在许多应用中会遇到困难，例如，银行或国家安全部门的密码系统每秒需要产生数百万的随机位，且 TRNG 也没有确定性和周期性。密码应用大多使用算法来生成随机数。这些算法是确定的，所以产生的序列并非统计随机的。然而，算法足够好的话，产生的序列可经受住随机性检测，这样的数一般称为伪随机数。它由伪随机数发生器(Pseudorandom Number Generators，PRNGs)生成。伪随机数发生器用于产生不限长位流，伪随机函数(PRF) 用于产生固定长度的伪随机位串，如对称加密密钥和时变值。伪随机数发生器多年来一直是密码学上的研究主题，产生了大量的算法，大致分为两类：

(1) 特意构造算法，该算法是为了产生伪随机位流而特意或专门设计的算法；

(2) 基于现存密码算法的算法，如对称分组密码、非对称密码、Hash 函数和消息认证码。(该段摘自参考文献[33]。)

随机数生成器(Random Number Generators，RNG)是植入到计算机操作系统的生成不限长随机位流的工具。RNG 从秘密状态下少量的随机性中产生大量的“伪随机性”。尽管这种伪随机性是不完美的，但也没有有效的攻击者能将其与真正的随机性区分出来。自 20 世纪 80 年代末，人们就意识到 RNG 在处理秘密状态下的随机源作为初始状态的情形时有很好的应用前景。一个 RNG 从不同的非完美熵源(imperfect entropy sources)(例如，计算机的时间中断等)中反复合成新鲜熵的背后机理鲜为人知。这个后台过程(background process)像“海绵一样工作”，Dodis 如是说，他在寻找像吸水一样吸收的熵。就像一块海绵，发生器将在不必知道它有多少熵或者它可能位于哪里的情况下“混淆”输入的熵。这种快速的熵积累保障了在面对计算机重启或潜在的状态妥协(state compromise)时，随机数发生器的正常工作。没有它，伪随机数产生的前台进程(foreground process)将缺少足够的初始熵，且被证明失效[1,34]。

Dodis 等人首次将熵积累的过程进行了形式化处理，该过程是所有现有 RNG 设计的核心。以前，“计算机里面的随机数生成器都是自组织的 (ad hoc)”，Dodis 如是说，“随机数生成器是复杂且难以理解的，因此，它们很难被攻击。因为它们很难被攻击，其背后缺乏理论支撑。我想改变这一点，让这一重要的密码领域与加密和认证占同等重要的地位”[1]。特别地，Dodis、Shamir、Stephens-Davidowitz 和 Wichs[34]将可靠熵积累(sound entropy accumulation)的部分问题归约为在线随机抽取器，并设计了几种这样的在线随机抽取器。他们已将该理论应用于现实世界的 RNG，揭示了 Linux 操作系统使用的 RNG 中的理论弱点。相比之下，Windows 有一个非常安全的随机数生成器，macOS 介于两者之间。该工作引起了关于这个话题的几次备受瞩目的研讨，并引起了微软和苹果公司的持续兴趣和关注，有望对 RNG 的发布产生影响[1]。

1.2.2　基于非完美随机源的隐私的安全性研究

1. 基于非完美随机源的关于隐私的负面结果

当处理隐私应用(例如加密、承诺、零知识及其他一些方案)时，上述分析不再适用。首先，McInnes 和 Pinkas[35]研究得出，无条件安全的对称加密不能建立在 SV 源上，即使有加密单个比特这一限制条件。这一结果随后被 Dodis 等人[22]进行了强化，他们研究得出，SV 源甚至不足以构建可计算安全的加密(同样，即使是一个比特)。事实上，该结论对基本上任何其他涉及“隐私”的加密方案 (例如，承诺、零知识、秘密共享等)都成立。Austrin 等人[21]对该结论进行了强化，他们研究得出，即使 SV 源是可高效采样(efficient sampling)的，这些负面结果仍然成立。Backes 等人[28]提出，如果源 (例如，SV 源)是有界的，则基于该弱源的隐私应用的安全性损失可有意义地进行量化。另外，Bosley 和 Dodis[23]得到了甚至更负面的结果：若随机源 $\mathscr{R}$ 足以用来生成一个能加密 k 位的密钥，则能确定性地从 $\mathscr{R}$ 中抽取近 k 个近乎均匀的随机位，这表明传统的隐私需要一个“可抽取”的随机源。从积极的方面讲，参考文献[23]和[36]得到：可抽取的源对于加密“很少的”几位不是严格必需的。不过，对于自然的不可抽取的源(例如 SV 源)来说，参考文献[14,21-22]已得出结论：即使仅加密 1 位也是不可能的。2022 年，Aggarwal 等人[37]证明，对于不太小的秘密来说，总份额为 2、门限值为 2 的弹性泄露或非延展秘密分享方案的构造需要“可抽取”的源。

2. 基于非完美随机源的关于差分隐私的结果

虽然一系列负面结果似乎强烈地指明了隐私本质上需要可抽取随机源的猜想，但 Dodis 等人的一项工作 (见参考文献[38]略微削弱了这一共识，他们发现 SV 源可被证明足以实现一个较新的隐私概念(即差分隐私，简称 DP)。差分隐私的研究背景是统计数据库。一个隐私保护统计数据库的目标是让用户能够在了解发布的统计事实的同时而不危及数据库中个人用户数据的隐私。差分隐私确保删除或添加数据库单条记录不会(在实质上)影响任何分析的结果。通俗地讲，机制 $M(D,f;r)$可以把随机值 r(即“噪声”)添加到真实回答 $f(D)$ 中去，这里 D 为用户构成的敏感数据库，$f(D)$ 为关于 D 的用户的一些有用的聚合信息。该噪声以某种方式添加进去，满足以下两条似乎相冲突的性质(其正式描述见本书第 3 章定义 3.6 和定义 3.7)：

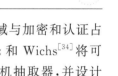

(a) ε -差分隐私：返回值 $z=M(D,f;r)$ 至多以“优势”ε 不泄露关于单独用户 i 的值 $D(i)$ 的任意信息；

(b) ρ -效用：在关于 r 的平均意义上，$|z-f(D)|$ 以 ρ 为上界，表示被干扰的回答离真实回答并不远。

更正式地，一个差分隐私机制 $M(D,f;r)$ 利用随机变量 r 给真实答案 $f(D)$“添加足够的噪声”，其中 D 是某个敏感的用户数据库，而 f 是关于 D 的用户的一些有用的聚合信息（查询）。一方面，为了保护个人用户的隐私，我们希望 M 满足 ε -差分隐私，即对于任何相邻数据库 D_1 和 D_2（即 D_1 和 D_2 在单个记录上不同），对于任何可能的输出 z，$e^{-\varepsilon}\leqslant\Pr_r[M(D_1,f;r)=z]/\Pr_r[M(D_2,f;r)=z]\leqslant e^{\varepsilon}$ 成立，其中 $\varepsilon>0$ 是较小的数。另一方面，为了保持机制 M 的 ρ -效用性（或准确性），我们希望以 r 为随机变量的 $|f(D)-m(D,f;r)|$ 的期望值的上限为 ρ。通常，我们应权衡差分隐私和效用。

加法噪声机制具有形式 $M(D,f;r)=f(D)+X(r)$[39-41]，其中 X 为一个适当的“噪声”分布，被加到真实回答中以保证具有差分隐私性。例如，对于完美随机源来说，当考虑统计查询时，适当的分布 X 为拉普拉斯分布[39]。然而，对于 SV 源来说，我们找不到参数合适的拉普拉斯分布来得到差分隐私机制。事实上，若存在基于源 $\mathcal{R}$ 的具有差分隐私性和效用性的机制，则存在基于源 $\mathcal{R}$ 的随机抽取器，故由 SV 源的不可抽取性可得：对于 SV 源来说，不存在具有差分隐私性和效用性的加法噪声机制[38]。从另一个角度讲，不妨设 $f(D_1)\neq(D_2)$，$T_i(i=1,2)$ 为满足 $M(D_i,f;r)=z$ 的 r 构成的集合，加法噪声机制必须满足 $T_1\cap T_2=\varnothing$。在此基础上，SV 敌手总能成功地扩大比率 $\Pr[r\in T_1]/\Pr[r\in T_2]$[38] 或 $|\Pr[r\in T_1]-\Pr[r\in T_2]|$[17]。

Dodis、López-Alt、Mironov 和 Vadhan[38] 发现，尽管不存在基于 γ - SV 源的形式为 $M(D,r)=wt(D)+X(r)$ 的加法噪声差分隐私机制，这里 $wt(\cdot)$ 为汉明重量函数，但他们构造出了一个结构更好的机制，该机制关于这种源具有差分隐私性。更具体地，他们采用“一致采样”（即 consistent sampling：$|T_1\cap T_2|\approx|T_1|\approx|T_2|$）来建立 SV -鲁棒的机制[38]，并从 SV 源的位到位的性质出发引入了另一条件。这两个条件的组合称为 SV -一致采样。他们进而利用截断和算术编码等技术构造了明确的具有差分隐私性和效用性的拉普拉斯机制。这样的机制对于所有的 SV 分布来说都适用，前提是效用 ρ 的上界被放松为关于 $1/\varepsilon$ 的多项式，该多项式的度和系数依赖于 γ 而不依赖于数据库 D 的规模。另外，值 ε 可以为任意小的常数（例如 $\varepsilon\ll\gamma$）。这与传统隐私中的基于 SV 源的不可能性结果[22,35]不同，那里 $\varepsilon=\Omega(\gamma)$（意味着连固定常数安全都不可能实现，更不用说安全参数为“可忽略的”的值时的情形了）。这些结果表明传统隐私与差分隐私有一定的差距。一个公开的问题是：差分隐私能否建立在比 SV 源更切合实际的源上？

Dodis(ICALP'01)[12]引入了一种更切合实际的源，称为偏差-控制受限（Bias -

Control Limited，简记为 BCL）源[12]。在现实中，源的每一位都可能不是均匀随机的：由于噪声、测量错误及其他一些缺陷，微小的错误是不可避免的；由于内部联系、测量条件限制或设置不当，一些位非平凡地依赖于前面的位，其极端是有的位由前面的位完全确定。BCL 源给出了上述问题的模型化定义：该源产生一系列的位 x_1，…，x_n：对于 $i=1,\cdots,n$ 来说，x_i 的值按以下两种方式之一依赖于 $x_1,\cdots,x_{i-1}$：

(a) x_i 由 $x_1,\cdots,x_{i-1}$ 完全确定，但这种情况发生的次数至多为某常数 b；

(b) $\frac{1-\gamma}{2}\leqslant\Pr[x_i=1|x_1,\cdots,x_{i-1}]\leqslant\frac{1+\gamma}{2}$，这里 $0\leqslant\gamma<1$（详见定义 2.18）。

特别地，当 $b=0$ 时，此源退化为 Santha 和 Vazirani 引入的 SV 源[14]；当 $\gamma=0$ 时，它退化为 Lichtenstein、Linial 和 Saks 引入的位固定源[13]；当 $b=0$ 且 $\gamma=0$ 时，它对应于均匀随机源。若 $b\neq0$ 且 $\gamma\neq0$，则我们说 BCL 源是非平凡的。与 SV 源相比，BCL 源看起来更切合实际，尤其是当 b 选择得适当的时候。因此，能否利用 BCL 源建立差分隐私机制是一个很有意义的课题。

1.2.3　基于弱随机密钥的密码学原语的安全性研究

密码学原语的安全性可形式化地定义如下[32]。令 T 表示由运行时间、circuit 规模、预言机的询问数等构成的元组。假设敌手 $\mathscr{A}$ 知道 T。对于任意 $r\in\{0,1\}^m$，令 $f(r)$ 表示当密钥为 r 时敌手 $\mathscr{A}$ 的攻击优势。密码学原语 P 在理想模型（相应地，现实模型）下是 (T,ε)-安全的，若对于知道 T 的任意敌手 $\mathscr{A}$ 来说，$f(U_m)$（相应地，$f(R)$）的期望的上界为 ε，这里 U_m 表示 $\{0,1\}^m$ 上的均匀分布（相应地，R 表示某非均匀分布）。$f(R)$ 的期望称为弱期望[32]。Dodis 和 Yu 得到了关于 $f(R)$ 的不等式，该不等式把 $f(R)$ 的弱期望的上界表示为两部分的积：第一部分只依赖于熵缺陷（即弱随机密钥的长度 $m=\text{length}(R)$ 和熵之间的差）；第二部分依赖于 $f(U_m)$ 或 $f(U_m)^2$ 的期望[32]。不过，在参考文献[32]中，某些应用只考虑了最小熵，另外一些应用只考虑了碰撞熵。我们知道，碰撞熵较最小熵对随机性的限制更为宽松。

把它们用 Rényi 熵统一起来在理论上和现实中都是很有意义的，由于 Rényi 熵为我们提供了一个新的更一般的对密钥随机性的测量方法（即 Rényi 熵是最一般的熵概念，它涵盖了最小熵、碰撞熵、Shannon 熵和其他一些熵[42]），且 Rényi 熵与碰撞熵相比有一些优点[43-44]。本书将研究基于 Rényi 熵的弱期望的上界。

相似地，Iwamoto 和 Shikata 利用 Rényi 熵对 Shannon[45]、Dodis[46]、Alimomeni 和 Safavi-Naini[47] 的工作进行了统一[48]，其中，Shannon 研究了基于 Shannon 熵的对称加密方案中的完善保密[45]，Dodis 探索了基于最小熵的对称加密方案中的完善保密[46]，Alimomeni 和 Safavi-Naini 引入了基于最小熵的“猜测保密”[47]。

Rényi 熵是信息论意义上的，在现实中往往不可行。在计算机科学史上，人们已发现：计算假设（即单向函数的存在性假设）使得计算概念和信息论概念完全不同[49-51]。该发现影响了密码学、复杂性理论和计算学习理论的发展。人们发现可以自然地把信息论扩充为计算理论，并试图定义最根本的熵概念（详见两篇奠基性的论文，见参考文献[50-51]），其中 Håstad 等人[50]提出的 HILL 熵最为常用。

基于弱随机密钥的 Rényi 熵和计算熵的密码学原语的安全性是很有价值的研究课题。

1.2.4 基于弱随机秘密的非延展抽取器

随机抽取器（Random Extractor）是一个把弱随机源映射为几乎完美随机源的函数。尽管抽取器的研究动机是模拟带有弱随机种子的随机算法，但随机抽取器已在编码理论、密码学、复杂性等领域得到了成功应用[52-54]。

考虑如下场景。Alice 和 Bob 分享一个弱随机秘密 $W\in\{0,1\}^n$。W 可以为人类可记忆的口令、生物数据、物理源或者部分泄露的秘密，这样的秘密并不服从均匀分布。Alice 和 Bob 在公共信道中交互，在这一过程中敌手 Eve 可看到公共信道中的交互信息，目标是安全地商定$\{0,1\}^m$上的几乎服从均匀分布的秘密 R。W 的最小熵和公开种子的长度为这一场景中的两个重要的效率测量参数。若敌手 Eve 是被动的，则密钥协商可通过以下方法来实现：

一个（强的）随机抽取器有以下解决方案：Alice 把服从均匀分布的种子 S 传给 Bob，然后他们同时计算几乎服从均匀分布的 $R=\mathrm{Ext}(W,S)$，这里 Ext 为一个（强）随机抽取器[55]。在 Eve 为活跃的敌手（即他可以按任意方式篡改消息）的前提下，人们已研究了一些协议来实现这一目标[19-20,53,56-62]。

作为重要的进展，Dodis 和 Wichs 首次提出了非延展抽取器的概念来研究隐私放大协议，其中敌手是活跃的，且其计算能力是无限的[59]。若敌手看到了随机种子 S 且把 S 修改为任意相关的种子 S'，则可通过限制 $R=\mathrm{Ext}(W,S)$和 $R'=\mathrm{Ext}(W,S')$之间的关系来抵抗相关密钥攻击。更正式地，非延展抽取器（Non-Malleable Extractor）为一个函数 nmExt：$\{0,1\}^n\times\{0,1\}^d\rightarrow\{0,1\}^m$，该函数以最小熵为 α 的弱随机秘密 W 和服从均匀分布的种子 S 为输入，输出一个布尔字符串。当给出 nmExt$(W,\mathcal{A}(S))$和 S（其中敌手 $\mathcal{A}$ 为满足 $\mathcal{A}(S)\neq S$ 的任意函数）时，该字符串在统计意义上 ϵ-接近于均匀分布。他们证明了当 $\alpha>2m+3\log\frac{1}{\epsilon}+\log d+9$ 且 $d>\log(n-\alpha+1)+2\log\frac{1}{\epsilon}+7$ 时，存在$(\alpha,2\epsilon)$-安全的非延展抽取器。第一个明确的非延展抽取器是由 Dodis 等人构造的[58]。该非延展抽取器的弱随机秘密的最小熵 $\alpha>\frac{n}{2}$，种子的长度 $d=n$（即使种子的最小熵仅为 $\Theta(m+\log n)$时也适用）。然而，当输出多于对数多个位时，它的效率依赖于一个基于素数分布的长期猜想。

Li 构造了第一个弱随机秘密的最小熵为 $\alpha=\left(\frac{1}{2}-\delta\right)\cdot n$、种子长度为 $d=O[\log n+\log(1/\gamma)]$（其中 $\delta>0$ 为任意常数）的非延展抽取器 nmExt：$\{0,1\}^n\times\{0,$

$1\}^d \to \{0,1\}$：用 BCH 编码的奇偶校验矩阵对种子 S 进行编码，输出为编码后的弱随机秘密与编码后的种子的内积[53]。Dodis 和 Yu 利用 4-元独立(4-wise independent)的哈希函数族$\{h_w: \{0,1\}^d \to \{0,1\}^m \mid w \in \{0,1\}^n\}$构造了$(\alpha, 2\sqrt{2^{n-\alpha-d}})$-安全的非延展抽取器 $\mathrm{nmExt}(w,s)=h_w(s)$。2012 年，Cohen 等人基于 Raz 引入的抽取器[63]构造了另一个明确的非延展抽取器[57]。他们的构造不依赖于任何猜想，相应的构造中的弱随机秘密的最小熵为 $\alpha=\left(\frac{1}{2}+\delta\right)\cdot n$，服从均匀分布的种子的长度为 $d\geqslant\frac{23}{\delta}\cdot tm+2\log n$①。不过他们的结果有一些缺点：那里的非延展抽取器是基于 Raz 引入的抽取器[63]来构造的，其中的误差估计太粗糙了。另外，尽管 Cohen 等人在参考文献[57]中探究的主要目的是缩短种子的长度，但那里的种子的长度不是最优的。

1.3 本书的组织结构

本书共分为 7 章。第 1 章是绪论，介绍非完美随机源密码学的研究背景、意义及发展沿革。第 2 章介绍非完美随机源密码学的基础知识：几种距离、随机变量的几种熵、几种非完美随机源、常用的密码体制简介、信息论安全性和计算安全性。第 3 章探讨基于非完美随机源的密码体制的安全性。第 4 章构造基于偏差-控制受限源的差分隐私机制，并分析该机制的差分隐私性和效用性。第 5 章研究基于弱随机密钥的 Rényi 熵和扩展的计算熵的密码体制的安全性。第 6 章探索基于互信息的传统隐私和差分隐私机制的安全性。第 7 章介绍改进 Raz 引入的抽取器的误差估计，在此基础上给出种子更短的非延展抽取器，并研究其在非延展编码和隐私放大协议中的应用。本书力求系统地阐述非完美随机源密码学的重要研究成果、前沿工作以及有待进一步研究的问题。在此基础上，读者可根据本书后面的参考文献进行深入研读。

① 为简单起见，本书把参考文献[57]中的敌手函数的个数 t 限制为 1。

第 2 章　非完美随机源密码学的基础知识

本章介绍非完美随机源密码学所需的基础知识，包括几种距离、随机变量的熵、几种非完美随机源、常用的密码体制简介、信息论安全性和计算安全性。

2.1　几种距离

定义 2.1　$\{0,1\}^n$ 上的两个随机变量 R 和 R' 的统计距离(Statistical Distance，也称为总变差距离)定义为

$$\mathrm{SD}(R,R') \overset{\text{def}}{=\!=} \frac{1}{2}\sum_{r\in\{0,1\}^n} |\Pr[R=r]-\Pr[R'=r]| = \max_{\mathrm{Eve}} \Delta_{\mathrm{Eve}}(R,R')$$

其中，$\Delta_{\mathrm{Eve}}(R,R') \overset{\text{def}}{=\!=} |\Pr[\mathrm{Eve}(R)=1]-\Pr[\mathrm{Eve}\}(R')=1]|$，Eve 为 circuit(或区分器)。

注 2.1　对于任意函数 f 来说，都有 $\mathrm{SD}(f(R),f(R'))\leqslant \mathrm{SD}(R,R')$。

定义 2.2　称$\{0,1\}^n$ 上的两个随机变量 R 和 R' 的相对距离为 ε，记为

$$\mathrm{RD}(R,R')=\varepsilon$$

若 ε 是对于任意 $r\in\{0,1\}^n$，都有

$$\Pr[R=r]\in[\mathrm{e}^{-\varepsilon}\cdot\Pr[R'=r],\mathrm{e}^{\varepsilon}\cdot\Pr[R'=r]]$$

成立的最小值。

注 2.2　由 $\mathrm{RD}(R,R')\leqslant\varepsilon$ 可容易地推出 $\mathrm{SD}(R,R')\leqslant \mathrm{e}^{\varepsilon}-1$。

定义 2.3　$\{0,1\}^n$ 上的两个随机变量 R 和 R' 的 L_1 模距离定义为

$$\|R-R'\|_1=\sum_{r\in\{0,1\}^n}|\Pr[R=r]-\Pr[R'=r]|$$

定义 2.4　(见参考文献[64])给定 circuit D，$\{0,1\}^n$ 上的两个随机变量 R 和 R' 之间的计算距离定义为

$$\delta^D(R,R')=|\mathbb{E}[D(R)]-\mathbb{E}[D(R')]|$$

$\Delta_{\mathrm{D}}((R,Z),(R',Z))$、$\mathrm{SD}((R,Z),(R',Z))$和 $\delta^D((R,Z),(R',Z))$分别简记为 $\Delta_{\mathrm{D}}(R,R'|Z)$、$\mathrm{SD}(R,R'|Z)$和 $\delta^D(R,R'|Z)$。

2.2　随机变量的几种熵

香农开创了信息论的研究，奠定了一般性通信理论的基础，对数字通信技术的形成有很大贡献。在香农信息论出现以前，没有系统的通信理论，因此，香农又被称为“信息论之父”。消息和符号可以视为一回事，消息用符号表示。香农信息论中的信息是消息中的不确定成分。信源输出的消息或符号，对于发送者来说，是已知的，但对于通信系统和接受者来说，是不确定的。信源消息的出现，或者说发送者选择哪个消息，具有一定的不确定性。信息量就是信息大小或多少的度量，即解除信源不确定性所需的信息的度量。信源发出某个消息或符号时，获得这一事件的信息量后，它的不确定性就被解除了。信息是消息的不确定性度量。某消息出现的概率大，它的信息量就小；相反，某消息出现的概率小，则它的信息量就大。下面将首先介绍信息熵（又称香农熵）和互信息的相关知识（见参考文献[65]），再介绍 Rényi 熵、HILL 计算熵等扩展知识。

要描述一个离散随机变量构成的离散信源，就是规定随机变量 R 的取值集合 $A=\{a_1,a_2,\cdots,a_q\}$ 及其概率测度 $p_i=\Pr[X=a_i]$，$i=1,2,\cdots,q$，其中 $\sum_{i=1}^{q}p_i=1$，记为

$$[A,P]=\begin{bmatrix} a_1 & a_2 & \cdots & a_q \\ p_1 & p_2 & \cdots & p_q \end{bmatrix} \tag{2-1}$$

一般情况下，我们用概率的倒数的对数函数来表示某一事件（某一符号）出现所带来的信息量。每个符号的自信息量[65]记为

$$I(a_i)=\log\frac{1}{p_i}$$

符号集的平均信息量就用信息熵来度量的，其定义如下：

定义 2.5　信源的每个符号所提供的平均信息量（概率平均）[65]称为信息熵（又称香农熵），记为

$$H(R)=\mathbb{E}\log\frac{1}{p_i}=\sum_{i=1}^{q}p_i\log\frac{1}{p_i}=-\sum_{i=1}^{q}p_i\log p_i$$

若以 2 为底，则信息量的单位为比特（bit）；若以 e 为底，则信息量的单位为奈特（Nat）；若以 10 为底，则信息量的单位为迪特（Det）[65]。

设随机变量 S 的取值集合为$\{s_1,s_2,\cdots,s_n\}$，随机变量 R 的取值集合为$\{r_1,r_2,\cdots,r_m\}$，条件概率为 $\Pr[R=r_j|s_i]=\Pr[r_j|s_i]$，其中 $i=1,2,\cdots,n$，$j=1,2,\cdots,m$，则有 $\sum_{j=1}^{m}\Pr[r_j \mid s_i]=1$。

设在 s_i 条件下，随机事件 r_j 的条件概率为 $\Pr[r_j|s_i]$，则 r_j 的出现所带来的信

息量被称为它的条件自信息[65]，记为

$$I(r_j \mid s_i) = -\log \Pr[r_j \mid s_i]$$

在 $S=s$ 条件下，随机变量 R 的条件熵[65]定义为

$$\begin{aligned} H(R \mid S=s) &= \sum_r \Pr[R=r \mid s] I(r \mid s) \\ &= -\sum_r \Pr[R=r \mid S=s] \log \Pr[R=r \mid S=s] \end{aligned}$$

定义 2.6 随机变量 R 的以随机变量 S 为条件的条件熵[65]定义为

$$H(R \mid S) = \mathbb{E}_{s \leftarrow S} H(R \mid S=s)$$

由于

$$\begin{aligned} H(R \mid S) &= \mathbb{E}_{s \leftarrow S} H(R \mid S=s) \\ &= \sum_s \Pr[S=s] H(R \mid S=s) \\ &= -\sum_s \Pr[S=s] \sum_r \Pr[R=r \mid S=s] \log \Pr[R=r \mid S=s] \\ &= -\sum_r \sum_s \Pr[R=r \wedge S=s] \log \Pr[R=r \mid S=s] \end{aligned}$$

因此，随机变量 R 的以随机变量 S 为条件的条件熵[65]又可等价定义为

$$H(R \mid S) = -\sum_r \sum_s \Pr[R=r \wedge S=s] \log \Pr[R=r \mid S=s]$$

$R=r$ 和 $S=s$ 的联合自信息定义为

$$I(r,s) = -\log \Pr[R=r \wedge S=s]$$

定义 2.7 随机变量 R 和随机变量 S 的联合熵[65]定义为

$$\begin{aligned} H(R,S) &= \mathbb{E}_{r \leftarrow R, s \leftarrow S} I(r,s) \\ &= \sum_r \sum_s \Pr[R=r, S=s] I(r,s) \\ &= -\sum_r \sum_s \Pr[R=r, S=s] \log \Pr[R=r \wedge S=s] \end{aligned}$$

不难推出

$$H(R,S) = H(R) + H(S \mid R) = H(S) + H(R \mid S)$$

互信息表征了信息传递的能力，$R=r$ 和 $S=s$ 时的互信息[65]定义为

$$\begin{aligned} I(r,s) &= I(r) - I(r \mid s) \\ &= -\log \Pr[R=r] + \log \Pr[R=r \mid S=s] \\ &= \log \frac{\Pr[R=r \mid S=s]}{\Pr[R=r]} \end{aligned}$$

$$\begin{aligned} I(s,r) &= I(s) - I(s \mid r) \\ &= -\log \Pr[S=s] + \log \Pr[S=s \mid R=r] \\ &= \log \frac{\Pr[S=s \mid R=r]}{\Pr[S=s]} \end{aligned}$$

由于

$$\Pr[R=r \mid S=s]\cdot\Pr[S=s]=\Pr[R=r,S=s]=\Pr[S=s \mid R=r]\cdot\Pr[R=r]$$

即

$$\frac{\Pr[R=r \mid S=s]}{\Pr[R=r]}=\frac{\Pr[S=s \mid R=r]}{\Pr[S=s]}$$

所以，$I(r,s)=I(s,r)$。

- 特定 s 出现所给出的关于随机变量 R 的平均互信息[65]定义为

$$I(R,s)=\mathbb{E}_{r\leftarrow R}I(r,s)=\sum_r \Pr[R=r \mid s]\log\frac{\Pr[R=r \mid S=s]}{\Pr[R=r]}$$

- 特定 r 出现所给出的关于随机变量 S 的平均互信息[65]定义为

$$I(S,r)=\mathbb{E}_{s\leftarrow S}I(s,r)=\sum_s \Pr[S=s \mid R=r]\log\frac{\Pr[S=s \mid R=r]}{\Pr[S=s]}$$

定义 2.8　随机变量 R 和 S 之间的平均互信息[65]定义为

$$I(R,S)=\mathbb{E}_{r\leftarrow R,s\leftarrow S}I(r,s)$$

值得注意的是，

$$\begin{aligned}I(R,S)&=\mathbb{E}_{r\leftarrow R,s\leftarrow S}I(r,s)\\&=\sum_r\sum_s \Pr[R=r,S=s]\log\frac{\Pr[S=s \mid R=r]}{\Pr[S=s]}\\&=\sum_r\sum_s \Pr[R=r,S=s]\log\frac{\Pr[R=r \mid S=s]}{\Pr[R=r]}\\&=\sum_r\sum_s \Pr[R=r,S=s]\log\frac{\Pr[R=r,S=s]}{\Pr[R=r]\cdot\Pr[S=s]}\end{aligned}$$

由于

$$\Pr[S=s]=\sum_r \Pr[R=r]\Pr[S=s \mid R=r]=\sum_r \Pr[R=r,S=s]$$

$$\Pr[R=r]=\sum_s \Pr[S=s]\Pr[R=r \mid S=s]=\sum_s \Pr[R=r,S=s]$$

从而

$$\begin{aligned}I(R,S)&=H(S)-H(S \mid R)\\&=H(R)-H(R \mid S)\\&=H(R)+H(S)-H(R,S)\end{aligned}$$

从上面的推导可以看出，平均互信息有几种等价的定义形式。另外，上式表明（见参考文献[65]）：

(a) 互信息满足对称性，即 $I(R,S)=I(S,R)$。

(b) 互信息表示 S 中含有的 R 的平均信息量，而这一信息量等于原信息源 R 的平均信息量，减去 S 后出现 R 还有的平均信息量，也就是 S 未能传递的 R 的平均信息量。

(c) $I(R,S)\leqslant\max\{H(R),H(S)\}$。这一性质清楚地说明了互信息量是描述信息流通性的物理量，流通量的数值当然不能大于被流通的数值。由于自信息量是为了确定某一事件出现所必须提供的信息量，因此，这一性质又说明某一事件的自信息量是任何其他事件所能提供的关于该事件的最大信息量。

定理 2.1 （见参考文献[65]）当条件分布 $\Pr[s|r]$ 给定时，平均互信息 $I(R,S)$ 是输入分布 $\Pr[r]$ 的上凸函数。

Rényi 熵是由 Alfred Rényi 在论文（见参考文献[42]）中提出的，作为香农熵的一种推广引入一个阶参数，其离散形式如下：

定义 2.9 （见参考文献[42]）随机变量 R 的序为 α 的 Rényi 熵定义为

$$H_{\alpha}(R)=\frac{1}{1-\alpha}\log\left(\sum_{r}\Pr[R=r]^{\alpha}\right)$$

这里 $\alpha\geqslant 0$ 且 $\alpha\neq 1$。

$\{0,1\}^n$ 上的随机变量 R 的 Rényi 熵的熵缺损定义为 $n-H_{\alpha}(R)$。

若 $\alpha\to\infty$，则 $H_{\alpha}(R)$ 退化为最小熵 $H_{\infty}(R)=-\log\max_r\Pr[R=r]$。

定义 2.10 随机变量 R 的以随机变量 S 为条件的平均（或条件）Rényi 熵定义如下：

$$H_{\alpha}(R\mid S)=\frac{1}{1-\alpha}\log\left(\mathbb{E}_{s\leftarrow S}\left[\sum_{r}\Pr[R=r\mid S=s]^{\alpha}\right]\right)$$

其中，$s\leftarrow S$ 表示从分布 S 中提取随机样本 s，$\alpha\geqslant 0$ 且 $\alpha\neq 1$。

注 2.3 若 $\alpha=2$，则 $H_{\alpha}(R)$（相应地，$H_{\alpha}(R|S)$）退化为参考文献[32]中的碰撞熵（相应地，平均碰撞熵）；若 $\alpha\to\infty$，则 $H_{\alpha}(R)$（相应地，$H_{\alpha}(R|S)$）退化为最小熵（相应地，平均最小熵）。

令 $\mathcal{D}_s^{\mathrm{det},\{0,1\}}$（相应地，$\mathcal{D}_s^{\mathrm{det},[0,1]}$）表示所有输出在 $\{0,1\}$（相应地，$[0,1]$）中的规模为 s 的确定性 circuits 构成的集合。令 $\mathcal{D}_s^{\mathrm{rand},\{0,1\}}$（相应地，$\mathcal{D}_s^{\mathrm{rand},[0,1]}$）表示所有输出在 $\{0,1\}$（相应地，$[0,1]$）中的规模为 s 的概率 circuits 构成的集合。

HILL 计算熵由质量（分布 X 与有真实熵的分布 Z 的区别程度）和数量（分布 Z 的真实熵）来决定。正式定义如下：

定义 2.11 （见参考文献[50,66]）分布 X 的 HILL 熵至少为 k，记为 $H_{\varepsilon,s}^{\mathrm{HILL}}(X)\geqslant k$，若存在分布 Z，其中 $H_{\infty}(Z)\geqslant k$，使得对于任意 $D\in\mathcal{D}_s^{\mathrm{det},[0,1]}$ 来说，都有 $\delta^D(X,Z)\leqslant\varepsilon$。

定义 2.12 （见参考文献[67]）设 (X,Y) 为一对随机变量。称 X 在条件 Y 已知时的条件 HILL 熵至少为 $H_{\varepsilon,s}^{\mathrm{HILL}}(X|Y)\geqslant k$，若存在分布集合 $\{Z_y: y\in Y\}$，给出联合分布 (Z,Y)，有 $H_{\infty}(Z|Y)\geqslant k$，且对于任意 $D\in\mathcal{D}_s^{\mathrm{rand},[0,1]}$ 来说，都有 $\delta^D(X,Z|Y)\leqslant\varepsilon$。

上述定义仅仅局限于最小熵。可以很自然地把此定义进行扩充，具体如下：

定义 2.13 称分布 X 的扩展的计算熵至少为 k，记为 $H_{\alpha,\varepsilon,s}^{\mathrm{EHILL}}(X)\geqslant k$，若存在分布 Z，其中 $H_{\alpha}(Z)\geqslant k$，使得对于任意 $D\in\mathcal{D}_s^{\mathrm{det},[a,b]}$ 来说，都有 $\delta^D(X,Z)\leqslant\varepsilon$，这里 $a<b$，$\alpha\geqslant 0$，且 $\alpha\neq 1$。

$\{0,1\}^n$ 上的随机变量 X 的扩展的计算熵的熵缺损定义为 $n-H_{\alpha,\varepsilon,s}^{\mathrm{EHILL}}(X)$。

定义 2.14　令(X,Y)为一对随机变量。称以 Y 为条件的分布 X 的条件 EHILL (Expanded HILL)熵至少为 k，记为 $H_{\alpha,\varepsilon,s}^{\mathrm{EHILL}}(X|Y)\geqslant k$，若存在分布集合$\{Z_y:y\in Y\}$，给定联合分布$(Z,Y)$，有 $H_\alpha(Z|Y)\geqslant k$ 成立且对于任意 $D\in\mathscr{D}_s^{\mathrm{rand},[a,b]}$来说，都有 $\delta^D((X,Y),(Z,Y))\leqslant\varepsilon$ 成立，这里 $a<b,\alpha\geqslant 0$ 且 $\alpha\neq 1$。

与参考文献[64]类似，EHILL 熵(相应地，条件 EHILL 熵)的定义中的 D 无论是取自 $\mathscr{D}_s^{\mathrm{det},\{a,b\}}$、$\mathscr{D}_s^{\mathrm{det},[a,b]}$、$\mathscr{D}_s^{\mathrm{rand},\{a,b\}}$，还是取自 $\mathscr{D}_s^{\mathrm{rand},[a,b]}$，得到的熵本质上都是相同的。

2.3　几种非完美随机源

为简单起见，把$\{0,1\}^n$ 上的某些分布构成的集合称为长度为 n 的源，记为 $\mathscr{R}_n$；把$\{0,1\}^*$ 上的某些分布构成的集合称为源，记为 $\mathscr{R}$。称源是弱源，若该源中存在非均匀分布。称源 $\mathscr{R}$ 为 flat 源，若对于任意 $R\in\mathscr{R}$ 来说，存在子集 $S\subseteq\{0,1\}^n$，使得 R 为 S 上的均匀分布。

定义 2.15　(见参考文献[11])(k,n)-源(或最小熵至少为 k 的 n-位弱源)定义为

$$\mathscr{W}\mathrm{eak}(k,n)\overset{\mathrm{def}}{=\!=}\{R\mid H_\infty(R)\geqslant k,\text{其中 }R\text{ 为}\{0,1\}^n\text{ 上的分布}\}$$

块源作为弱源的推广，允许有 n/m 个块 $R_1,\cdots,R_{n/m}$，每块都有新鲜的 k 位熵①。

定义 2.16　(见参考文献[11])设 n 能被 m 整除，且 $R_1,R_2,\cdots,R_{n/m}$ 是$\{0,1\}^m$ 上的一系列布尔随机变量。$\{0,1\}^n$ 上的概率分布 $R=(R_1,R_2,\cdots,R_{n/m})$称为一个 n-位(k,m)-块分布，记为 $\mathscr{B}\mathrm{lock}(k,m,n)$，若对于所有 $i\in[n/m]$及任意 $s_1,\cdots,s_{i-1}\in\{0,1\}^m$ 来说，都有

$$H_\infty(R_i\mid R_1\cdots R_{i-1}=s_1\cdots s_{i-1})\geqslant k$$

把 n-位(k,m)-块源 $\mathscr{B}\mathrm{lock}(k,m,n)$定义为所有 n-位(k,m)-块分布的集合。

因此，块源的一个极端是弱源，该源对应于 $m=n$(即一个块)的块源；另一个极端是 Snatha - Vazirani 源，该源对应于每块仅有 1 位的块源(在这种情况下，习惯上利用关于偏差的函数而非最小熵来表示非完美随机源。有如下定义：

定义 2.17　(见参考文献[14])令 $x_1,x_2,\cdots$为一系列布尔随机变量且 $0\leqslant\delta<1$。$\{0,1\}^*$ 上的分布 $X=x_1x_2\cdots$称为 γ-Santha-Vazirani(SV)分布，记为 SV(γ)，若对于任意 $i\in\mathbb{Z}^+$和长度为 $i-1$ 的任意布尔字符串 s 来说，都有$\dfrac{1-\gamma}{2}\leqslant\Pr[x_i=1|x_1\cdots x_{i-1}=s]\leqslant\dfrac{1+\gamma}{2}$成立。

① 为了与前面的结果保持一致，我们只假设已知前面的块时，R_i 有新鲜的 k 位熵，不过我们的不可能性结果可容易地推广为前面和后面的块都已知时的情形。

把 γ-SV 源 $\mathcal{SV}(\gamma)$定义为所有 γ-SV 分布构成的集合。对于 $\mathrm{SV}(\gamma)\in\mathcal{SV}(\gamma)$来说，令 $\mathrm{SV}(\gamma,n)$为把 $\mathrm{SV}(\gamma)$限制到前 n 位 $x_1,\cdots,x_n$ 得到的分布。令 $\mathcal{SV}(\gamma,n)$为所有分布 $\mathrm{SV}(\gamma,n)$构成的集合。

定义 2.18 （见参考文献[12]）令 $x_1,x_2,\cdots$为一系列布尔随机变量且 $0\leqslant\gamma<1$。$\{0,1\}^*$ 上的分布 $X=x_1x_2\cdots$为一个(γ,b)-偏差-控制受限(BCL)分布，记为 $\mathrm{BCL}(\gamma,b)$，若对于任意 $i\in\mathbb{Z}^+$及长度为 $i-1$ 的任意布尔串 s 来说，x_i 的值按以下两种方式之一依赖于前 $i-1$ 位 $x_1,\cdots,x_{i-1}$：

(a) x_i 由 $x_1,\cdots,x_{i-1}$ 完全确定，不过该情况仅发生至多 b 位。这一过程称为“干预”。

(b) $\dfrac{1-\gamma}{2}\leqslant\Pr[x_i=1\,|\,x_1\cdots x_{i-1}=s]\leqslant\dfrac{1+\gamma}{2}$。

把(γ,b)-BCL 源 $\mathcal{BCL}(\gamma,b)$定义为所有(γ,b)-BCL 分布构成的集合。对于分布 $\mathrm{BCL}(\gamma,b)\in\mathcal{BCL}(\gamma,b)$来说，令 $\mathrm{BCL}(\gamma,b,n)$为分布 $\mathrm{BCL}(\gamma,b)$限制到前 n 位 $x_1,\cdots,x_n$ 得到的分布。令 $\mathcal{BCL}(\gamma,b,n)$为所有分布 $\mathrm{BCL}(\gamma,b,n)$构成的集合。

该源模型化了以下事实：物理源不可能生成完美随机位，一些位可被前面的位所影响。

特别地，当 $b=0$ 时，$\mathcal{BCL}(\gamma,b,n)$退化为 Santha 和 Vazirani 提出的 SV 源[14]；当 $\gamma=0$ 时，$\mathcal{BCL}(\gamma,b,n)$退化为 Lichtenstein、Linial 和 Saks 提出的序列一位固定的源[13]；当 $b=0$ 且 $\gamma=0$ 时，该源退化为均匀随机源。

2.4 常用的密码体制简介

下面介绍通用散列函数族、k-元独立的哈希函数族、可忽略函数、消息认证码和数字签名方案的定义。位抽取器、位加密方案、弱位承诺、位 T-秘密分享、基于汉明重量查询的差分隐私的定义见第 3.1 节，一般的差分隐私定义见第 4.1 节，种子抽取器和非延展抽取器的定义见第 7.1 节。

定义 2.19 称 $\mathcal{H}=\{h\,|\,h:\{0,1\}^l\rightarrow\{0,1\}^m\}$是一个通用散列(universal hashing)函数族，若对于任意 $z\neq z'$，都有 $\Pr\limits_{h\leftarrow U_{\mathcal{H}}}[h(z)\neq h(z')]=\dfrac{1}{2^m}$成立。

定义 2.20 称 $\mathcal{H}=\{h\,|\,h:\{0,1\}^l\rightarrow\{0,1\}^m\}$是一个 k-元独立的(k-wise independent)哈希函数族，其中 $k\leqslant 2^l$，若对于任意互不相同的 $z_1,z_2,\cdots,z_k\in\{0,1\}^l$ 来说，当 $h\leftarrow U_{\mathcal{H}}$ 时，随机变量序列 $h(z_1),h(z_2),\cdots,h(z_k)$是两两相互独立的均匀分布序列。

特别地，当 $k=2$ 时，我们称 $\mathcal{H}$为两两相互独立(pairwise independent)的哈希函数族。

定义 2.21 称函数 $f(\cdot)$为可忽略的，记为 $\mathrm{negl}(\cdot)$，若对于任意多项式

$\text{poly}(\cdot)$来说，总存在自然数 N，使得对于所有 $n>N$ 来说，都有

$$f(n)<\frac{1}{\text{poly}(n)}$$

也就是说，可忽略函数是一个趋近于 0 的速度比任意多项式的倒数都快的函数。

一次消息认证码用于保证接收的消息是由一个特定的合法发送者在未经认证的信道中发送的。正式地，有以下定义：

定义 2.22　称函数族 $\{\text{MAC}_r:\{0,1\}^v\rightarrow\{0,1\}^\tau\}_{r\in\{0,1\}^m}$ 为一个 ε-安全的一次消息认证码(MAC)，若对于任意 μ 和任意函数 $f:\{0,1\}^\tau\rightarrow\{0,1\}^v\times\{0,1\}^\tau$ 来说，都有

$$\Pr_{r\leftarrow U_m}[\text{MAC}_r(\mu')=\sigma'\wedge\mu'\neq\mu\mid(\mu',\sigma')=f(\text{MAC}_r(\mu))]\leqslant\varepsilon$$

本质上说，数字签名方案与 MAC 是类似的，主要不同点在于 MAC 中的签名算法和认证算法中的密钥是相同的，而签名方案中的签名算法和验证算法中的密钥不相同(签名算法中用私钥 sk，而验证算法中用公钥 pk)。更详细地，有以下定义：

定义 2.23　一个签名系统 $S=(\text{Setup},\text{Sign},\text{Verify})$为一个有效的算法元组，其中 Setup 称为密钥生成算法，Sign 称为签名算法，Verify 称为验证算法。

- Setup 为概率算法，该算法以安全参数 1^n 为输入，输出为一个对(pk，sk)，其中 sk 称为秘密签名密钥，pk 称为公开验证密钥。
- Sign 为概率算法 $\sigma\leftarrow\text{Sign}(\text{sk},m)$，这里 sk 为秘密签名密钥，$m$ 为一条消息。该算法输出签名 σ。
- Verify 为确定性算法 $\text{Verify}(\text{pk},m,\sigma)$，其输入为公开验证密钥、消息 m 和相应的签名 σ，输出为 b。若 $b=1$，则签名是合理的，否则签名不合理。

方案的正确性要求由 Sign 生成的签名是以压倒性的概率合理的，即对于$(\text{pk},\text{sk})\leftarrow\text{Setup}(1^n)$来说，有

$$\Pr[\text{Verify}(\text{pk},m,\text{Sign}(\text{sk},m))=1]=1$$

2.5　信息论安全性和计算安全性

令 X_1 和 X_2 为两个以安全参数为索引的概率分布。若对于所有的算法 A，存在一个可忽略函数 f，满足：

$$|\Pr[A(X_1(1^n))]-\Pr[A(X_2(1^n))]|\leqslant\text{negl}(1^n)$$

则称 X_1 和 X_2 是不可区分的(Indistinguishable)。也就是说，当以根据 X_1 和 X_2 采样得到的样本作为输入时，任何算法 A 的执行差异都不会超过可忽略函数。如果仅考虑非均匀(Non-uniform)、多项式时间(Polynomial-time)算法 A，则该定义描述的是计算不可区分性(Computational Indistinguishability)；如果考虑所有算法而不考

虑算法的计算复杂性，则该定义描述的是统计不可区分性(Statistical Indistinguishability)[68-69]。在后一种情况下，两个分布的差异上界为两个概率分布的统计距离。计算安全性(Computational Security)是指非均匀多项式时间攻击者攻击下的安全性；信息论安全性(Information-theoretic Security)也被称为无条件安全性(Unconditional Security)或统计安全性(Statistical Security)，信息论安全性是指任意攻击者攻击下的安全性，攻击者甚至可能拥有无限的计算资源[68-69]。

第3章　基于非完美随机源的密码体制的安全性

传统密码学假设秘密取自完美随机源。然而，现实世界中我们往往只能得到非完美随机秘密（例如生物数据[2-3]、物理源[4-5]、部分泄露的秘密、Diffie-Hellman 密钥交换中的群元素[6-7]等）。具有隐私保护功能的传统密码体制（例如抽取器、加密、承诺、秘密分享方案）简称传统隐私。本章研究基于非完美随机源的传统隐私和差分隐私的安全性问题。

尽管已有一些基于具体的源 $\mathcal{R}$（例如 SV 源）的传统隐私的不可能性结果[22,35]，但 Dodis 等人发现非平凡的差分隐私可以基于 SV 源来实现[38]。这就表明了传统隐私与差分隐私之间的差距。一个公开的问题是：差分隐私能否建立在比 SV 源更切合实际的（即结构化更弱的）源上？

以该问题为部分动机，本章引入了一个直观的、模块化的框架来得到关于传统隐私和差分隐私的不可能性结果，这些结果是基于一般的非完美随机源 $\mathcal{R}$ 的[17]，从而导出了基于更广泛的源的传统隐私的（改进的）不可能性结果，以及第一个基于切合实际的源（包括多数“块源”，而非 SV 源）的差分隐私的不可能性结果。由此得出的一个推论是：任何允许（传统或差分）隐私的非完美随机源均可得到某种确定性的位抽取。

1. 整体思路

本章引入了源的可表达性和可分离性的概念来衡量秘密的“非完美随机性”。从高层面上说，本章借鉴参考文献[22]（那里只集中于研究 SV 源）中的思想，不过以一种更模块化和量上最优化的方式来研究，从而使得本章的证明在某种程度上更富有启发性。从本质上说，这些结果利用 3 步得到了基于源 $\mathcal{R}$ 的一个给定的隐私体制 P 的不可能性结果：

步骤 1　基于 $\mathcal{R}$ 的隐私体制 P 的不可能性问题→$\mathcal{R}$ 的可表达性

直观地讲，$\mathcal{R}$ 的可表达性的意思是 $\mathcal{R}$ 足以“区分”任意两个不是几乎处处相等的函数 f 和 g（见定义 3.1）：存在分布 $R\in\mathcal{R}$ 使得 $\mathrm{SD}(f(R),g(R))$ 是“显著的”，其中 SD 为两个概率分布的统计距离①。

---

①　与参考文献[22]相似，而与参考文献[35]不同，本章的 $f(R)$ 和 $g(R)$ 之间的区分器可以是非常高效的（详见注 3.3），不过本章不要求这一点，以免使得表示法复杂化。

在这一抽象下，容易得出：多数隐私体制 P（例如抽取器、加密、秘密分享、承诺）的某种程度的安全性与 $\mathcal{R}$ 的可表达性相矛盾（见定理 3.1）。例如，当 P 是加密方案时，$f(r)$ 和 $g(r)$ 理解为密钥 r 下的两个不同明文的加密函数。对于抽取、秘密分享及承诺有相似的讨论。

更有趣的是，本章发现：若源是某种程度上可表达的，则不可实现基于该源的某种程度的差分隐私（见定理 3.2）。该证明与关于隐私的不可能性结果的证明有相似之处，但前者包含的思想更丰富。这是因为差分隐私性仅仅限制了"相接近的"数据库的安全性，而效用性则仅对于相对"远"的数据库是有意义的。特别地，正因如此，源 $\mathcal{R}$ 上的可表达性的要求对于排除差分隐私来说，与传统隐私相比要稍微强一些（见定理 3.2 与定理 3.1）[①]。除了这点量上的不同外，在本章的讨论中传统隐私和差分隐私没有质上的不同。

总之，看似简单的"把隐私归约为可表达性"的讨论正是本章的框架的一个特征，仅仅在这一步涉及应用 P 的具体细节。接着将集中于研究 $\mathcal{R}$。

步骤 2　$\mathcal{R}$ 的可表达性→$\mathcal{R}$ 的可分离性

直观地讲，$\mathcal{R}$ 的可分离性的含义是：$\mathcal{R}$ 足以"分离"任意充分大的不交集合 G 和 B（见定义 3.8）。不失一般性，假设 $|G|\geqslant|B|$，则存在 $R\in\mathcal{R}$ 使得 $|\Pr[R\in G]-\Pr[R\in B]|$ 是"显著的"[②]。不难发现，可分离性与可表达性密切相关，不过前者限制为其支撑集互不相交的布尔函数 f 和 g（即 G 和 B 的特征函数），这就使得处理起来更容易些。

本章将证明：由可分离性一般可推导出可表达性，前后两者的参数几乎相同（见定理 3.3）。这恰恰是本章不同于参考文献[22]且在量上改进的地方：参考文献[22]用了位到位的混合讨论来阐明（SV 源的）可表达性，而本章在定理 3.3 的证明中则采用了更聪明的"universal hashing trick"[③]，从而使得其结果与函数 f 和 g 的值域无关（此值域对应于密文、承诺及秘密分享等的规模）。

就其自身而言，本章将证明 $\mathcal{R}$ 的不可分离性与基于 $\mathcal{R}$ 的某种"弱位抽取"（见定理 3.4）是等价的：

(a) 被抽取的位可保证是几乎无偏的；

(b) 尽管抽取器可能输出"⊥"（无效符号），但它至少在均匀分布上将以足够大的概率输出 0 或 1。

与步骤 1 相结合，本章得到以下两个结果。第一，把基于源 $\mathcal{R}$ 的几种隐私体制 P 的不可能性结果归约为一个更简单的 $\mathcal{R}$ 的可分离性。第二，把基于 $\mathcal{R}$ 的 P 的可行性

---

① 先行一步，这将是为什么虽然本章的新结果对于 SV 源来说是弱的，但当源变得更切合实际时，将很快地回归到不可能性结果。

② 例如，若 R 只包含均匀分布 U_n，则当 $|G|=|B|$ 时，R 是不可分离的。本章将得到自然的不可抽取的源（例如弱源、块源、SV 源及 BCL 源）是可分离的。

③ 在略微不同的背景下，Austrin 等人在讨论随机抽取器时采用了相似的技术[21]。

结果归约为基于 $\mathcal{R}$ 的确定性弱位抽取的存在性。回顾 Bosley 和 Dodis 的结果：由几种传统的隐私原语（仅包括多位的加密和承诺，但不包括秘密分享）的安全性可推出多位确定性抽取器的存在性[23]，从而本章不可比拟地对上述结果进行了补充。从积极方面来说，本章的结果可应用于更广泛的隐私原语（例如秘密分享、一位加密和承诺）。从消极方面来说，本章仅讨论一种相对弱的一位抽取器，这里的抽取器可能输出“⊥”，而 Bosley 和 Dodis 则得到了传统的可能多位的抽取器[23]。

步骤 3　几种源 $\mathcal{R}$ 的可分离性

与参考文献[21-22,35]中的结果不同，上述所有结果对于任意非完美随机源 $\mathcal{R}$ 来说都是正确的。为了得到基于自然源的隐私体制的不可能性结果，本章必须确定具体的源 $\mathcal{R}$ 的比较好的可分离性界。由参考文献[22]可得 SV 源和一般的弱源的可分离性界，本章将证明块源[11]和 BCL 源[12]的新的可分离性界。特别地，块源的可分离性界是不容易得到的，是本章的亮点之一（见引理 3.2(b)）。

这些块源和 BCL 源的新的可分离性结果除了其自身的价值之外，对差分隐私的研究也是很有意义的。事实上，这两者都可被看作是对结构化很强的（且不切实际的）SV 源的一种切合实际的放松，不过不如弱源更一般/非结构化。既然本章已经得出对于 SV 源来说，差分隐私是可行的，那么一个自然的问题是研究当源慢慢地变得更切合实际/非结构化，且在变成一般的弱源之前，能以多快的速度回归为不可能性结果。

2. 把新的和旧的不可能性结果综合起来

把步骤 1～步骤 3 应用于具体的源（即弱源、块源、SV 源及 BCL 源），我们立刻得到关于传统隐私的各种不可能性结果（见表 3 - 1）。虽然这些结果主要为关于差分隐私的（全新的）不可能性结果打基础，但它们也对参考文献[22]的结果在量上进行了改进（源于从更强的可表达性到可分离性的归约）。例如，它们甚至排除了常数（与可忽略的值构成对比）安全的加密/承诺/秘密分享，且与密文/承诺/分享的规模无关。相关地，我们自然地得到了关于块源/BCL 源的比 SV 源更强的不可能性结果。

更有趣的是，本章得到了第一个基于非完美随机源的关于差分隐私的不可能性结果。受参考文献[38]的正面结果的启发，本章的 SV 源的可分离性结果（仅仅）不足以排除基于 SV 源的关于差分隐私的不可能性结果。正如本章所解释的，导致这一失败的原因不是本章的框架太弱而不能应用于 SV 源或差分隐私，而是由于差分隐私中隐私和效用之间的“部分与全体之间的差距”。

然而，一旦我们考虑一般的弱源，或结构化更强的 BCL 源/块源，则这些不可能性结果将极快地返回。例如，当研究效用为 ρ 的 ε-差分隐私时，最小熵为 k（其中 $k=n-\log(\varepsilon\rho)-O(1)$）的 n 位弱源将被排除（见定理 3.6(a)）①，当 $b=\Omega(\log(\varepsilon\rho)/\gamma)$

① 更一般地，不管块数 n/m 为多少，每块长度为 m 且每块的最小熵为 k（其中 $k=m-\log(\varepsilon\rho)-O(1)$）的 n-位块源也将被排除（见定理 3.6(b)）。

时，BCL 源也被排除（见定理 3.6(c)）。由于 $\varepsilon\rho$ 一般为常数，故 $\log(\varepsilon\rho)$ 为更小的常数，这就意味着本章甚至排除了常数熵缺损 $n-k$（或 $m-k$，对于块源）或常数 b。本章把关于传统隐私和差分隐私的不可能性结果进行对比，观察到后者只比前者稍微弱一点。由此得出结论：基于切合实际的非完美随机源的差分隐私的实现仍然是相当苛刻的。

3.1 可表达性及其对密码体制的影响

本节引入源的可表达性（expressiveness）的概念。然后研究此概念对传统隐私和差分隐私的影响。

一个有可表达性的源能够分离两个分布 $f(R)$ 和 $g(R)$，除非函数 f 和 g 几乎在每个点都有相同的函数值。正式地，有以下定义：

定义 3.1 称源 $\mathcal{R}_n$ 是 (t,δ)-可表达的（expressive），若对于任意函数 $f,g:\{0,1\}^n\to\mathcal{C}$，其中 $\mathcal{C}$ 为 $\{0,1\}^l$，l 为任意正整数，都存在某 $t\geqslant 0$，使得 $\Pr\limits_{r\leftarrow U_n}[f(r)\neq g(r)]\geqslant\dfrac{1}{2^t}$，则存在分布 $R\in\mathcal{R}_n$ 使得 $\mathrm{SD}(f(R),g(R))\geqslant\delta$。

3.1.1 对传统隐私的影响

回顾（或定义）传统隐私中的几个密码学原语：位抽取器、位加密方案、弱位承诺及位 T-秘密分享如下：

定义 3.2 称 $\mathrm{Ext}:\{0,1\}^n\to\{0,1\}$ 是 $(\mathcal{R}_n,\delta)$-安全的位抽取器，若对于任意分布 $R\in\mathcal{R}_n$ 来说，都有 $|\Pr\limits_{r\leftarrow R}[\mathrm{Ext}(r)=1]-\Pr\limits_{r\leftarrow R}[\mathrm{Ext}(r)=0]|<\delta$（等价地，$\mathrm{SD}(\mathrm{Ext}(R),U_1)<\delta/2$）。

接着考虑最简单的加密方案，这里明文由 1 位构成。

定义 3.3 $(\mathcal{R}_n,\delta)$-安全的位加密方案由一组函数 $\mathrm{Enc}:\{0,1\}^n\times\{0,1\}\to\{0,1\}^\lambda$ 和 $\mathrm{Dec}:\{0,1\}^n\times\{0,1\}^\lambda\to\{0,1\}$ 构成。$\mathrm{Enc}(r,x)$ 和 $\mathrm{Dec}(r,c)$）可分别简单记为 $\mathrm{Enc}_r(x)$ 和 $\mathrm{Dec}_r(c)$，分别表示用密钥 r 加密消息 x 和用密钥 r 解密密文 c。这一组函数应满足以下两个条件：

(a) 正确性：对于任意 $r\in\{0,1\}^n$ 和 $x\in\{0,1\}$ 来说，都有

$$\mathrm{Dec}_r(\mathrm{Enc}_r(x))=x$$

(b) 统计隐藏性：对于任意分布 $R\in\mathcal{R}_n$ 来说，都有

$$\mathrm{SD}(\mathrm{Enc}_R(0),\mathrm{Enc}_R(1))<\delta$$

承诺方案允许发送者 Alice 在保证其秘密不泄露给接收者 Bob 的同时承诺该秘密，且能在下一阶段揭露被承诺的值。绑定性和隐藏性是任意承诺方案的本质属性。

非正式地，有

- 绑定性：在 Alice 进行承诺之后，Alice“很难”改变其承诺；
- 隐藏性：在 Alice 揭示其承诺之前，Bob“很难”发现其承诺值。

这两个性质都可以是计算理论或信息论上的。然而，我们不能同时实现信息论上的绑定性和信息论上的隐藏性。我们把绑定性放宽为很弱的性质，从而隐藏性和这个新的(很弱的)绑定性都可以是信息论上的。由于本章的目标是研究其不可能性结果，因此这种放宽方法就足够了。

定义 3.4　$(\mathcal{R}_n,\delta)$-安全的弱位承诺是满足以下两个条件的函数 $\mathrm{Com}:\{0,1\}^n\times\{0,1\}\to\{0,1\}^\lambda$：

(a) 弱绑定性：$\Pr\limits_{r\leftarrow U_n}[\mathrm{Com}(0;r)\neq\mathrm{Com}(1;r)]\geqslant\frac{1}{2}$；

(b) 统计隐藏性：对于任意 $R\in\mathcal{R}_n$ 来说，都有

$$\mathrm{SD}(\mathrm{Com}(0;R),\mathrm{Com}(1;R))<\delta$$

注 3.1　传统的承诺概念中，若“很难”发现 r_1 和 r_2 使得 $\mathrm{Com}(0;r_1)=\mathrm{Com}(1;\mathrm{r}_2)$，则绑定性成立。这里给出更弱的绑定概念：仅要求敌手不能通过选取均匀随机的 $r_1=r_2$ 而以 $\geqslant\frac{1}{2}$ 的概率取胜。例如，容易验证，对于任意 $\delta>0$，$\mathrm{Com}(x;r)=x\oplus r$(其中 $x,r\in\{0,1\}$)均为弱位承诺方案(尽管不是标准的承诺方案)。

T-秘密分享方案包含两个阈值 T_1 和 T_2(其中 $1\leqslant T_1<T_2\leqslant T$)，满足：(a) 任意 T_1 方不知道关于秘密的“任何信息”；(b) 任意 T_2 方能重构秘密。因为本章的目标是研究不可能性结果，只需把 T_1 和 T_2 限制为 $T_1=1$ 和 $T_2=T$，并考虑秘密 $x\in\{0,1\}$。

定义 3.5　$(\mathcal{R}_n,\delta)$-安全的位 T-秘密分享方案是满足以下两条性质的元组 $(\mathrm{Share}_1,\mathrm{Share}_2,\cdots,\mathrm{Share}_T,\mathrm{Rec})$：

(a) 正确性：对于任意 $r\in\{0,1\}^n$ 和 $x\in\{0,1\}$ 来说，都有

$$\mathrm{Rec}(\mathrm{Share}_1(x,r),\mathrm{Share}_2(x,r),\cdots,\mathrm{Share}_T(x,r))=x$$

(b) 统计隐藏性：对于任意指标 $j\in[T]$ 和分布 $R\in\mathcal{R}_n$ 来说，都有

$$\mathrm{SD}(\mathrm{Share}_j(0;R),\mathrm{Share}_j(1;R))<\delta$$

把参考文献[22,35]的结果进行抽象和一般化，得出结论：由可表达性可推出传统隐私的不可能性结果。具体如下：

定理 3.1

(a) 若源 $\mathcal{R}_n$ 是 $(0,\delta)$-可表达的，则不存在 $(\mathcal{R}_n,\delta)$-安全的位抽取器。

(b) 若源 $\mathcal{R}_n$ 是 $(0,\delta)$-可表达的，则不存在 $(\mathcal{R}_n,\delta)$-安全的位加密方案。

(c) 若源 $\mathcal{R}_n$ 是 $(1,\delta)$-可表达的，则不存在 $(\mathcal{R}_n,\delta)$-安全的弱位承诺方案。

(d) 若源 $\mathcal{R}_n$ 是 $(\log T,\delta)$-可表达的，则不存在 $(\mathcal{R}_n,\delta)$-安全的位 T-秘密分享方案。

证明

(a) 假设存在 $(\mathcal{R}_n,\delta)$-安全的位抽取器 Ext。令 $f(r)\xlongequal{\mathrm{def}}\mathrm{Ext}(r)$ 且 $g(r)\xlongequal{\mathrm{def}}1-$

$\mathrm{Ext}(r)$。由于对于任意 $r\in\{0,1\}^n$ 来说，都有 $\mathrm{Ext}(r)\neq 1-\mathrm{Ext}(r)$ 成立，从而 $\Pr_{r\leftarrow U_n}[f(r)\neq g(r)]=1=\frac{1}{2^0}$。由定义 3.1 可得，存在分布 $R\in\mathcal{R}_n$ 使得 $\mathrm{SD}(f(R),g(R))\geqslant\delta$。因此，

$$|\Pr[\mathrm{Ext}(R)=1]-\Pr[\mathrm{Ext}(R)=0]|=\mathrm{SD}(f(R),g(R))\geqslant\delta$$

推出矛盾。

(b) 假设存在$(\mathcal{R}_n,\delta)$-安全的位加密方案。令 $f(r)\overset{\mathrm{def}}{=\!=\!=}\mathrm{Enc}_r(0)$ 且 $g(r)\overset{\mathrm{def}}{=\!=\!=}\mathrm{Enc}_r(1)$。由于对于任意密钥 $r\in\{0,1\}^n$ 来说，都有 $\mathrm{Enc}_r(0)\neq\mathrm{Enc}_r(1)$ 成立，从而 $\Pr_{r\leftarrow U_n}[f(r)\neq g(r)]=1=\frac{1}{2^0}$。由定义 3.1 可得，存在分布 $R\in\mathcal{R}_n$ 使得 $\mathrm{SD}(f(R),g(R))\geqslant\delta$，与 $\mathrm{SD}(f(R),g(R))<\delta$ 相矛盾。

(c) 假设存在$(\mathcal{R}_n,\delta)$-安全的弱位承诺方案。令 $f(r)\overset{\mathrm{def}}{=\!=\!=}\mathrm{Com}(0;r)$ 且 $g(r)\overset{\mathrm{def}}{=\!=\!=}\mathrm{Com}(1;r)$。由于 $\Pr_{r\leftarrow U_n}[\mathrm{Com}(0;r)\neq\mathrm{Com}(1;r)]\geqslant\frac{1}{2}$，故存在 $R\in\mathcal{R}_n$ 使得 $\mathrm{SD}(f(R),g(R))\geqslant\delta$，与 $\mathrm{SD}(f(R),g(R))<\delta$ 相矛盾。

(d) 假设存在$(\mathcal{R}_n,\delta)$-安全的位 T-秘密分享方案。令 $t=\log T$，则对于任意 $r\in\{0,1\}^n$ 来说，都有

$$(\mathrm{Share}_1(0;r),\cdots,\mathrm{Share}_T(0;r))\neq(\mathrm{Share}_1(1;r),\cdots,\mathrm{Share}_T(1;r))$$

$\Rightarrow$ 存在 $j=j(r)$ 使得 $\mathrm{Share}_j(0;r)\neq\mathrm{Share}_j(1;r)$

$\Rightarrow$ 存在 $j^*\in[T]$ 使得 $|\{r\mid j(r)=j^*\}|\geqslant\frac{2^n}{T}=2^{n-t}$

令 $f(r)\overset{\mathrm{def}}{=\!=\!=}\mathrm{Share}_{j^*}(0;r)$ 且 $g(r)\overset{\mathrm{def}}{=\!=\!=}\mathrm{Share}_{j^*}(1;r)$，则 $\Pr_{r\leftarrow U_n}[f(r)\neq g(r)]\geqslant\frac{1}{2^t}$。因此，存在分布 $R\in\mathcal{R}_n$ 使得 $\mathrm{SD}(f(R),g(R))\geqslant\delta$，与 $\mathrm{SD}(f(R),g(R))<\delta$ 相矛盾。

3.1.2 对差分隐私的影响

Dodis 等人已研究了如何基于 γ-SV 源针对“低灵敏度的查询”来实现差分隐私[38]。由于本章的目标是研究不可能性结果，因此这里只考虑最简单的情形：令 $\mathcal{D}=\{0,1\}^N$ 为由所有数据库构成的空间。对于 $D\in\mathcal{D}$，令查询函数为汉明重量函数 $\mathrm{wt}(D)=|\{i\mid D(i)=1\}|$，其中 $D(i)$表示 D 的第 i 个“记录”。若源 $\mathcal{R}_n$ 只包含均匀分布 U_n，则把 $\mathcal{R}_n$ 简记为 U_n。任意两个数据库 $D,D'\in\mathcal{D}$ 之间的离散距离定义为 $\Delta(D,D')\overset{\mathrm{def}}{=\!=\!=}\mathrm{wt}(D\oplus D')$，这里$\oplus$是按位异或运算。称两个数据库 D 和 D'为相邻数据库，若 $\Delta(D,D')=1$。令机制 M 为一个以数据库 $D\in\mathcal{D}$ 和随机变量 $R\in\mathcal{R}_n$ 为输入，以随机值 z 为输出的算法。我们希望在不泄露关于任何单独用户的过多信息的

前提下，利用 $z=M(D,R)$ 来近似真实的汉明重量 $\mathrm{wt}(D)$。更正式地，我们说一个机制关于汉明重量查询具有差分隐私性，若把数据库中的单一用户用伪造的信息进行置换，仅会引起该机制的输出分布的微小改变。换句话说，当机制作用于两个相邻的数据库时，其输出分布差别不大。另一方面，把效用定义为真实回答 $\mathrm{wt}(D)$ 与机制的输出之差的绝对值的期望。具体定义如下：

定义 3.6　令 $\varepsilon\geqslant 0$ 且 $\mathcal{R}_n$ 为一个源。机制 M（对于汉明重量查询）具有 $(\mathcal{R}_n,\varepsilon)$-差分隐私，若对于所有相邻的数据库 $D_1,D_2\in\mathcal{D}$，以及所有分布 $R\in\mathcal{R}_n$，都有 $RD(M(D_1,R),M(D_2,R))\leqslant\varepsilon$ 成立。等价地，对于所有可能的输出 z 来说，都有

$$\frac{\Pr\limits_{r\leftarrow R}[M(D_1,r)=z]}{\Pr\limits_{r\leftarrow R}[M(D_2,r)=z]}\leqslant e^{\varepsilon}$$

注 3.2　当 $\varepsilon<1$ 且 ε 接近于 0 时，本章采用 $1+\varepsilon$ 而非传统的上界"e^{ε}"来简化后面的计算。这是合理的，由于当 $\varepsilon\geqslant 0$ 时，总有 $1+\varepsilon\leqslant e^{\varepsilon}$ 成立，当 $\varepsilon\in[0,1)$（这里 $[0,1)$ 为主要的有用范围）且 ε 接近于 0 时，有 $e^{\varepsilon}\approx 1+\varepsilon$。

定义 3.7　令 $0<\rho\leqslant N/4$ 且 $\mathcal{R}_n$ 为一个源。机制 M 对于汉明重量查询具有 $(\mathcal{R}_n,\rho)$-效用，若对于所有数据库 $D\in\mathcal{D}$ 和所有分布 $R\in\mathcal{R}_n$ 来说，都有

$$\mathbb{E}_{r\leftarrow R}[\,|\,M(D,r)-\mathrm{wt}(D)\,|\,]\leqslant\rho$$

与传统隐私相似，由可表达性可推出基于非完美随机源的差分隐私的不可能性结果，尽管在参数上会有略高的要求。概括地说，对于两个数据库来说，令函数 $f(r)\stackrel{\text{def}}{=\!=}M(D,r)$ 且 $g(r)\stackrel{\text{def}}{=\!=}M(D',r)$。直观地说，对于所有 $R\in\mathcal{R}_n$ 来说，由于由 $\mathrm{RD}(f(R),g(R))\leqslant\varepsilon\cdot\Delta(D,D')$ 可导出 $\mathrm{SD}(f(R),g(R))\leqslant e^{\varepsilon\cdot\Delta(D,D')}-1$，我们可利用可表达性来得到 $f(r)=g(r)$ 几乎处处成立，最终将导致与效用相矛盾（即使对于均匀分布来说）。不过，我们不能直接利用该技术，这是因为：若 $\varepsilon\cdot\Delta(D,D')$ 足够大，则 $e^{\varepsilon\cdot\Delta(D,D')}-1>1$，等式的左端比所有统计距离的上界 1 还要大。本章利用对足够接近的数据库 D 和 D' 这一技术，然后利用"跳"（从 D_0 到 D_1，从 D_1 到 D_2……）的技术，最后推出矛盾。细节如下：

定理 3.2　假设 $1/(8\rho)\leqslant\varepsilon\leqslant 1/4$ 且对于某 $2\varepsilon\leqslant\delta\leqslant 1$ 来说，$\mathcal{R}_n$ 是 $\left(\log\left(\frac{\rho\varepsilon}{\delta}\right)+4,\delta\right)$-可表达的，则对于汉明重量查询来说，不存在具有 $(\mathcal{R}_n,\varepsilon)$-差分隐私和 (U_n,ρ)-效用的机制。特别地，分别令 $\delta=2\varepsilon,\delta=\frac{1}{2}$，则不存在具有 $(\mathcal{R}_n,\varepsilon)$-差分隐私和 (U_n,ρ)-效用的机制的前提条件是：

(a) $\mathcal{R}_n$ 是 $3+\log\rho,2\varepsilon)$-可表达的；或

(b) $\mathcal{R}_n$ 是 $\left(5+\log(\rho\varepsilon),\frac{1}{2}\right)$-可表达的。

证明　用反证法。假设存在这样的机制 M。令 $\mathcal{D}'\stackrel{\text{def}}{=\!=}\{D\,|\,\mathrm{wt}(D)\leqslant 4\rho\}$。记

$$\mathrm{Trunc}(x) \xlongequal{\text{def}} \begin{cases} 0, & 若\ x < 0 \\ x, & 若\ x \in \{0,1,\cdots,4\rho\} \\ 4\rho, & 其他 \end{cases}$$

对于任意 $D \in \mathscr{D}'$，把截断机制 $M' \xlongequal{\text{def}} \mathrm{Trunc}(M)$ 定义为 $M'(D,r) \xlongequal{\text{def}} \mathrm{Trunc}(M(D,r))$。由于对于任意 $D \in \mathscr{D}'$，都有 $\mathrm{wt}(D) \in \{0,1,\cdots,4\rho\}$，故 M' 在 $\mathscr{D}'$ 上仍具有 (U_n,ρ)-效用。另外，由定义 3.6 直接可得，M' 在 $\mathscr{D}'$ 上具有 $(\mathscr{R}_n,\varepsilon)$-差分隐私。下面仅考虑 $\mathscr{D}'$ 上的截断机制 M'。

令 $t=\log\left(\frac{\rho\varepsilon}{\delta}\right)+4$ 且 $s=\frac{\delta}{2\varepsilon}$。注意：$1 \leqslant s \leqslant 1/(2\varepsilon) \leqslant 4\rho$，$\mathrm{e}^{\varepsilon s}-1<\delta$ 且 $2^t=8\rho/s$。

先证明下列断言：

断言 3.1 考虑满足 $\Delta(D,D') \leqslant s$ 的两个数据库 $D,D' \in \mathscr{D}'$。令 $f(r) \xlongequal{\text{def}} M'(D,r)$ 且 $g(r) \xlongequal{\text{def}} M'(D',r)$，则 $\Pr\limits_{r \leftarrow U_n}[f(r) \neq g(r)] < \frac{1}{2^t}$ 成立。

证明 由于 M' 具有 $(\mathscr{R}_n,\varepsilon)$-差分隐私，故对于任意 $R \in \mathscr{R}_n$，都有

$$\mathrm{RD}(f(R),g(R)) \leqslant \varepsilon \cdot \Delta(D,D') \leqslant \varepsilon \cdot s$$

结合 s 的取法可得，$\mathrm{SD}(f(R),g(R)) \leqslant \mathrm{e}^{\varepsilon \cdot s}-1<\delta$。由于该结论对于任意 $R \in \mathscr{R}_n$ 都成立，且 $\mathscr{R}_n$ 是 (t,δ)-可表达的，故 $\Pr\limits_{r \leftarrow U_n}[f(r) \neq g(r)] < \frac{1}{2^t}$。

回到本定理的证明。考虑一系列满足 $\mathrm{wt}(D_i)=i \cdot s$ 且 $\Delta(D_i,D_{i+1})=s$ 的数据库 $D_0,D_1,\cdots,D_{4\rho/s}$。对于任意 $i \in \{0,1,\cdots,4\rho/s\}$ 来说，记 $f_i(R) \xlongequal{\text{def}} M'(D_i,R)$。由上述断言可得 $\Pr\limits_{r \leftarrow U_n}[f_i(r) \neq f_{i+1}(r)] < \frac{1}{2^t}$。由布尔不等式及 s 和 t 的取法，可得

$$\Pr_{r \leftarrow U_n}[f_0(r) \neq f_{4\rho/s}(r)] < \frac{4\rho}{2^t \cdot s} \leqslant \frac{1}{2} \tag{3-1}$$

令 $\alpha \xlongequal{\text{def}} \mathbb{E}_{r \leftarrow U_n}[f_{4\rho/s}(r)-f_0(r)]$。由 (U_n,ρ)-效用可得

$$\alpha \geqslant [\mathrm{wt}(D_{4\rho/s})-\rho]-[\mathrm{wt}(D_0)+\rho]=(4\rho-\rho)-(0+\rho)=2\rho$$

另一方面，由不等式(3-1)可得

$$\alpha \leqslant \Pr_{r \leftarrow U_n}[f_0(r) \neq f_{4\rho/s}(r)] \cdot \max_r |f_{4\rho/s}(r)-f_0(r)| < \frac{1}{2} \cdot 4\rho = 2\rho$$

推出矛盾。

3.2 可分离性及其影响

可表达性是一个强有力的工具，不过直接应用比较困难。本部分引入可分离性的概念，并得到：由可分离性可导出可表达性。另外，可分离性也可用于研究(弱)抛

硬币协议。我们将在 3.3 节中给出一些典型的例子。

直观地说,具有可分离性(separability)的源 $\mathcal{R}_n$ 使得我们可以选择分布 $R\in\mathcal{R}_n$,该分布能分离任意两个充分大的不相交的集合:可以在不增加一个集合的权重的同时增加另一个集合的相对权重。

定义 3.8　称源 $\mathcal{R}_n$ 是(t,δ)-可分离的(separable),若对于任意 $G,B\subseteq\{0,1\}^n$ 来说,其中 $G\cap B=\varnothing$ 且 $|G\cup B|\geqslant 2^{n-t}$,均存在分布 $R\in\mathcal{R}_n$ 使得

$$\left|\Pr_{r\leftarrow R}[r\in G]-\Pr_{r\leftarrow R}[r\in B]\right|\geqslant\delta$$

3.2.1　由可分离性推出可表达性

本部分探讨可分离性与可表达性之间的关系。证明具有分离性的源一定是可表达的。证明的宏观想法来自于参考文献[22]中研究的工作(那里只考虑了 SV 源),不过本章使可表达性和可分离性之间的差距独立于函数 f 和 g 的值域 $\mathcal{C}$,从而在量上改进了参考文献[22]中的技术。

定理 3.3　若源 $\mathcal{R}_n$ 是$(t+1,\delta)$-可分离的,则它是(t,δ)-可表达的。

证明　假设 $f,g:\{0,1\}^n\to\mathcal{C}$ 是满足 $\Pr_{r\leftarrow U_n}[f(r)\neq g(r)]\geqslant\frac{1}{2^t}$ 的两个函数。令 $S=\{r\in\{0,1\}^n\mid f(r)\neq g(r)\}$。由假设可得 $|S|\geqslant 2^{n-t}$。

首先考虑最简单的情况(即 $\mathcal{C}=\{0,1\}$)。我们将看到(t,δ)-可分离性已够用(即不需要把 t 增加 1)。对于 $\alpha,\beta\in\{0,1\}$ 来说,记 $S_{\alpha\beta}=\{r\in\{0,1\}^n\mid f(r)=\alpha$ 且 $g(r)=\beta\}$。

把区分器 Eve 定义为 $\mathrm{Eve}(x)=1\Leftrightarrow x=0$。不失一般性,假设 $|S_{01}|\geqslant|S_{10}|$。记 $G\overset{\text{def}}{=\!=}S_{01}$ 且 $B\overset{\text{def}}{=\!=}S_{10}$。由于 $\mathcal{R}_n$ 是(t,δ)-可分离的,且 $|G\cup B|\geqslant 2^{n-t}$,故存在分布 $R\in\mathcal{R}_n$ 使得 $\left|\Pr_{r\leftarrow R}[r\in G]-\Pr_{r\leftarrow R}[r\in B]\right|\geqslant\delta$,即 $\left|\Pr_{r\leftarrow R}[r\in S_{01}]-\Pr_{r\leftarrow R}[r\in S_{10}]\right|\geqslant\delta$。因此,

$$\begin{aligned}
\mathrm{SD}(f(R),g(R))&\geqslant\left|\Pr_{r\leftarrow R}[\mathrm{Eve}(f(r))=1]-\Pr_{r\leftarrow R}[\mathrm{Eve}(g(r))=1]\right|\\
&=\left|\Pr_{r\leftarrow R}[f(r)=0]-\Pr_{r\leftarrow R}[g(r)=0]\right|\\
&=\left|\left\{\Pr_{r\leftarrow R}[r\in S_{00}]+\Pr_{r\leftarrow R}[r\in S_{01}]\right\}-\right.\\
&\quad\left.\left\{\Pr_{r\leftarrow R}[r\in S_{00}]+\Pr_{r\leftarrow R}[r\in S_{10}]\right\}\right|\\
&=\left|\Pr_{r\leftarrow R}[r\in S_{01}]-\Pr_{r\leftarrow R}[r\in S_{10}]\right|\\
&\geqslant\delta
\end{aligned}$$

接下来我们分析一般情况。回顾通用散列(universal hashing)函数族的概念[70]:称 $\mathcal{H}=\{h\mid h:\mathcal{C}\to\{0,1\}\}$ 是一个通用散列函数族,若对于任意 $z\neq z'$,都有 $\Pr_{h\leftarrow U_{\mathcal{H}}}[h(z)\neq h(z')]=\frac{1}{2}$ 成立。众所周知,这种函数族对于任意 $\mathcal{C}$ 都存在,且当 $\mathcal{C}\subseteq\{0,1\}^{\mathrm{poly}(n)}$ 时,

该函数族关于 n 是计算高效[①]的(computationally efficient)。

对于 $\alpha,\beta\in\{0,1\}$ 且 $h\in\mathcal{H}$ 来说,记

$$S_{\alpha\beta}(h)=\{r\in S\mid h(f(r))=\alpha\text{ 且 }h(g(r))=\beta\}$$

则

$$\begin{aligned}\mathbb{E}_{h\leftarrow U_{\mathcal{H}}}[|S_{01}(h)|+|S_{10}(h)|]&=\mathbb{E}_{h\leftarrow U_{\mathcal{H}}}\Big[\sum_{r\in S}\chi_{S_{01}(h)\cup S_{10}(h)}(r)\Big]\\&=\sum_{r\in S}\Pr_{h\leftarrow U_{\mathcal{H}}}[r\in S_{01}(h)\cup S_{10}(h)]\\&=\sum_{r\in S}\Pr_{h\leftarrow U_{\mathcal{H}}}[h(f(r))\neq h(g(r))]\\&=\frac{|S|}{2}\end{aligned}$$

其中,$\chi_{S_{01}(h)\cup S_{10}(h)}$ 表示集合 $S_{01}(h)\cup S_{10}(h)$ 的特征函数。

因此,存在固定的哈希函数 $h^*\in\mathcal{H}$ 使得

$$|S_{01}(h^*)\cup S_{10}(h^*)|\geqslant\frac{|S|}{2}\geqslant 2^{n-t-1}$$

对于任意 $C\in\mathcal{C}$ 来说,把 Eve 定义为 $\text{Eve}(C)=1\Leftrightarrow h^*(C)=0$。不失一般性,假设 $|S_{01}(h^*)|\geqslant|S_{10}(h^*)|$。记 $G\xlongequal{\text{def}}S_{01}(h^*)$ 且 $B\xlongequal{\text{def}}S_{10}(h^*)$。由于 $\mathcal{R}_n$ 是 $(t+1,\delta)$-可分离的,故存在分布 $R'\in\mathcal{R}_n$,使得 $|\Pr_{r\leftarrow R'}[r\in G]-\Pr_{r\leftarrow R'}[r\in B]|\geqslant\delta$,即 $|\Pr_{r\leftarrow R'}[r\in S_{01}(h^*)]-\Pr_{r\leftarrow R'}[r\in S_{10}(h^*)]|\geqslant\delta$。因此,

$$\begin{aligned}\text{SD}(f(R'),g(R'))&\geqslant\Big|\Pr_{r\leftarrow R'}[\text{Eve}(f(r))=1]-\Pr_{r\leftarrow R'}[\text{Eve}(g(r))=1]\Big|\\&=\Big|\Pr_{r\leftarrow R'}[h^*(f(r))=0]-\Pr_{r\leftarrow R'}[h^*(g(r))=0]\Big|\\&=\Big|\Pr_{r\leftarrow R'}[r\in S_{01}(h^*)]-\Pr_{r\leftarrow R'}[r\in S_{10}(h^*)]\Big|\\&\geqslant\delta\end{aligned}$$

从而,源 $\mathcal{R}_n$ 是 (t,δ)-可表达的。

注 3.3 若值域 $\mathcal{C}\subseteq\{0,1\}^{\text{poly}(n)}$,则定理 3.3 的证明中的通用散列函数族关于 n 是可高效计算的。因此,区分器 Eve 也是可高效计算的。故存在可高效计算的区分器 Eve 使得 $|\Pr_{r\leftarrow R}[\text{Eve}(f(r))=1]-\Pr_{r\leftarrow R}[\text{Eve}(g(r))=1]|\geqslant\delta$。也就是说,$f(R)$ 与 $g(R)$ 是"δ-计算意义上不可区分的"。

结合定理 3.3 与定理 3.1、定理 3.2,得到以下推论:

推论 3.1

(a) 若源 $\mathcal{R}_n$ 是 $(1,\delta)$-可分离的,则不存在 $(\mathcal{R}_n,\delta)$-安全的位抽取器。

(b) 若源 $\mathcal{R}_n$ 是 $(1,\delta)$-可分离的,则不存在 $(\mathcal{R}_n,\delta)$-安全的位加密方案。

---

① 粗略地说,本书的"高效"指计算可在多项式时间内完成。

(c) 若源 $\mathcal{R}_n$ 是$(2,\delta)$-可分离的，则不存在$(\mathcal{R}_n,\delta)$-安全的弱位承诺方案。

(d) 若源 $\mathcal{R}_n$ 是$(\log T+1,\delta)$-可分离的，则不存在$(\mathcal{R}_n,\delta)$-安全的位 T-秘密分享方案。

(e) 假设 $1/(8\rho)\leqslant\varepsilon\leqslant 1/4$ 且对于某 $2\varepsilon\leqslant\delta\leqslant 1$ 来说，源 $\mathcal{R}_n$ 是$\left(\log\left(\frac{\rho\varepsilon}{\delta}\right)+5,\delta\right)$-可分离的，则对于汉明重量查询来说，不存在具有$(\mathcal{R}_n,\varepsilon)$-差分隐私和$(U_n,\rho)$-效用的机制。特别地，分别令 $\delta=2\varepsilon$，$\delta=\frac{1}{2}$，则该结论成立的前提条件是(e.1) $\mathcal{R}_n$ 是$(4+\log(\rho),2\varepsilon)$-可分离的；或(e.2) $\mathcal{R}_n$ 是$\left(6+\log(\rho\varepsilon),\frac{1}{2}\right)$-可分离的。

具体的例子见 3.3 节。

3.2.2　可分离性与弱位抽取

本部分给出弱位抽取的定义，然后证明弱位抽取与不可分离性的等价性，接着研究它对隐私问题的影响。

回顾 Bosley 和 Dodis 首次提出研究下述一般性问题：隐私体制在本质上需要可抽取的随机源吗？[23]更正式地，若给定的原语 P 允许$(\mathcal{R}_n,\delta)$-安全的实现，这意味着我们能够用 $\mathcal{R}_n$ 来构造(确定性的，单-或多-)位抽取器吗？

他们就该问题，针对几个传统隐私原语(包括(仅仅多位)加密和承诺，而不含秘密分享)，得到了很强的肯定性回答。本章的不可能性结果就该问题，针对更为广泛的原语(例如秘密分享、位加密和承诺)，给出了无可比拟的肯定性回答。不过本章仅讨论了一种很弱的一位抽取，而 Bosley 和 Dodis 则研究了传统的多位抽取[23]。

弱位抽取器的定义如下：

定义 3.9　称 $\mathrm{Ext}:\{0,1\}^n\to\{0,1,\perp\}$是$(\mathcal{R}_n,\delta,\tau)$-安全的弱位抽取器，若满足以下两条性质：

(a) 对于任意分布 $R\in\mathcal{R}_n$ 来说，都有

$$\left|\Pr_{r\leftarrow R}[\mathrm{Ext}(r)=1]-\Pr_{r\leftarrow R}[\mathrm{Ext}(r)=0]\right|<\delta$$

(b) $\Pr_{r\leftarrow U_n}[\mathrm{Ext}(r)\neq\perp]\geqslant\tau$。

先简要讨论上述定义。首先，当 $\tau=1$ 时，该定义与定义 3.2 给出的传统的位抽取器的定义一致；而且，即使对于一般的 $\tau<1$ 和该源中的任意分布 R 来说，输出 0 和输出 1 的可能性几乎相同。然而，这里的抽取器还允许输出失败符号$\perp$，这就意味着输出 0 和输出 1 的概率均可显著小于 1/2。因此，为使其有意义，我们还要求 Ext 不总是输出$\perp$。我们通过令第二个参数 τ 满足 $\Pr_{r\leftarrow R}[\mathrm{Ext}(r)\neq\perp]\geqslant\tau$ 来达到这一要求。理想地，我们希望这一条件对于源中的任意分布都成立。不幸的是，在本章讨论的环境下，不可能实现这一理想(见注释 3.4)。因此，为保全一个有意义且可实行的

概念，将要求至少对于 $R\equiv U_n$ 来说，有 $\Pr_{r\leftarrow R}[\mathrm{Ext}(r)\neq\perp]\geqslant\tau$。也就是说，尽管不排除某些特殊的分布 R 可能导致 Ext 将以很大的概率失败的可能性，但我们仍然确保：

(a) 当抽取成功（即输出值属于{0,1}）时，被抽取的位对于源中的分布 R 是无偏的；

(b) 当 R 至少是（或“接近于”）均匀分布 R 时，抽取将以显著的概率成功。

不难发现，弱位抽取恰好是表示可分离性概念的反面的另一种方法。

引理 3.1 存在 $(\mathcal{R}_n,\delta,2^{-t})$-安全的弱位抽取器，当且仅当 $\mathcal{R}_n$ 不是 (t,δ)-可分离的。

证明 下面仅证明由不可分离性可推出弱位抽取。由于每一步本质上都为“当且仅当”，所以反之亦然。

由于 $\mathcal{R}_n$ 不是 (t,δ)-可分离的，故存在两个集合 G 和 B，使得 $G\cap B=\varnothing$，$|G\cup B|\geqslant 2^{n-t}$，且对于所有 $R\in\mathcal{R}_n$ 来说，都有 $|\Pr_{r\leftarrow R}[r\in G]-\Pr_{r\leftarrow R}[r\in B]|<\delta$。

定义

$$\mathrm{Ext}(r)\xlongequal{\text{def}}\begin{cases}1, & 若\ r\in G\\ 0, & 若\ r\in B\\ \perp, & 其他\end{cases}$$

上述定义是有意义的，由于 $G\cap B=\varnothing$，且满足弱位抽取器的性质(a)和(b)，这是因为 $\delta>|\Pr_{r\leftarrow R}[r\in G]-\Pr_{r\leftarrow R}[r\in B]|=|\Pr_{r\leftarrow R}[\mathrm{Ext}(r)=1]-\Pr_{r\leftarrow R}[\mathrm{Ext}(r)=0]|$，且 $\Pr_{r\leftarrow U_n}[\mathrm{Ext}(r)\neq\perp]=|G\cup B|/2^n\geqslant 2^{n-t}/2^n=2^{-t}$。

结合引理 3.1 和推论 3.1，得到以下定理：

定理 3.4

(a) 若存在 $(\mathcal{R}_n,\delta)$-安全的位加密方案，则存在 $\left(\mathcal{R}_n,\delta,\dfrac{1}{2}\right)$-安全的弱位抽取器。

(b) 若存在 $(\mathcal{R}_n,\delta)$-安全的弱位承诺，则存在 $\left(\mathcal{R}_n,\delta,\dfrac{1}{4}\right)$-安全的弱位抽取器。

(c) 若存在 $(\mathcal{R}_n,\delta)$-安全的位 T-秘密分享，则存在 $\left(\mathcal{R}_n,\delta,\dfrac{1}{2T}\right)$-安全的弱位抽取器。

(d) 若对于汉明重量查询来说，存在具有 $(\mathcal{R}_n,\varepsilon)$-差分隐私和 (U_n,ρ)-效用的机制，则存在 $\left(\mathcal{R}_n,2\varepsilon,\dfrac{1}{16\rho}\right)$-安全的弱位抽取器。

下面研究弱位抽取器的具体形式以帮助理解。例如，对于位加密方案（即定理 3.4(a)，其他例子类似）来说，令

$$\mathrm{Ext}(r)\xlongequal{\text{def}}\begin{cases}1, & 若\ h^*(\mathrm{Enc}_r(1))=1\ 且\ h^*(\mathrm{Enc}_r(0))=0\\ 0, & 若\ h^*(\mathrm{Enc}_r(1))=0\ 且\ h^*(\mathrm{Enc}_r(0))=1\\ \perp, & 否则(即若\ h^*(\mathrm{Enc}_r(1))=h^*(\mathrm{Enc}_r(0)))\end{cases}$$

其中，h^* 为定理 3.3 的证明中的布尔通用散列函数，该函数满足

$$\Pr_{r \leftarrow U_n}[\mathrm{Ext}(r) \neq \perp] = \Pr_{r \leftarrow U_n}[h^*(\mathrm{Enc}_r(0)) \neq h^*(\mathrm{Enc}_r(1))] \geqslant \frac{1}{2}$$

特别地，若位加密（相应地，承诺、秘密分享、差分隐私）关于 n 是计算高效的，则本章的位抽取器也是高效的。这就意味着由计算意义上安全的加密（相应地，承诺、秘密分享、差分隐私）可导出高效的、统计意义上安全的弱位抽取。

注 3.4　正如刚才所提到的，这里的弱位抽取器的主要弱点在于非平凡的性质 $\Pr_{r \leftarrow R}[\mathrm{Ext}(r) \neq \perp] \geqslant \tau$ 中的 $R \equiv U_n$。遗憾的是，我们注意到若我们要求对于任意 $R \in \mathcal{R}_n$ 来说，$\Pr_{r \leftarrow R}[\mathrm{Ext}(r) \neq \perp] \geqslant \tau$ 仍然成立，则定理 3.4(a)～(c)不再成立。事实上，一方面，由$(\mathcal{R}_n, \delta, \tau)$-安全的弱位抽取器的更强概念可清晰地导出传统的$(\mathcal{R}_n, 1+\delta-\tau)$-安全的位抽取器（通过把$\perp$映射为 1）；另一方面，Dodis 和 Spencer 给出了具体的源 $\mathcal{R}_n$，对于任意 $\varepsilon > 0$，存在$(\mathcal{R}_n, \varepsilon)$-安全的位加密（还有弱承诺和 2-秘密分享）方案，却不存在$(\mathcal{R}_n, 1-2^{1-n/2})$-安全的位抽取器[36]。从而，为了证明定理 3.4(a)～(c)的相似定理，需要满足 $\tau \leqslant \delta + 2^{1-n/2}$ 的更强的弱位抽取概念，而此概念不是很有意思的（例如，若 δ 是"可忽略的"，则抽取也将以"可忽略"的概率成功）①。

3.3　基于几种典型的非完美随机源的隐私体制的安全性

本部分证明几种非完美随机源 $\mathcal{R}_n$（即(k, n)-源[11]、n-位(k, m)-块源[11]、(γ, n)-SV 源[14]及(γ, b, n)-BCL 源[12]）是可分离的。在此基础上，证明它们都是可表达的。接着研究基于弱源、块源、BCL 源的传统隐私和差分隐私的不可能性结果，并解释其对 SV 源无效的原因。最后对传统隐私和差分隐私的不可能性结果进行比较。

3.3.1　可分离性结果

下面研究上述源的可分离性。值得注意的是：(a) 实际上已有弱源和 SV 源的可分离性；(b) 尽管以前没有研究过 BCL 源的可分离性，但是利用参考文献[12]中的结论不难证明 BCL 源的可分离性；(c) 块源的可分离性是新的。以前没有考虑块源的可分离性，是因为 SV 源是一种特殊的块源，该源的每一块的长度为 1，参考文献[22,35]已经发现即使对于 SV 源来说，都不可能实现传统隐私（更不用说块源了）。然而在参考文献[38]的启发下（那里差分隐私可以建立在 SV 源上），我们发现详细研究块源的可分离性是很重要的。一个自然的方法是利用参考文献[71]和

① 对于差分隐私（见定理 3.4(d)），本章没得到相似的反例，值 $\tau = O(1/\rho) \ll \delta = O(\varepsilon)$，因此没推出矛盾。当然，这并不能推断更强的位抽取结果应该是对的，仅仅表明它不是绝对错误的。

[22]中的 γ-偏差半空间源，该源既是 γ-SV 源又是 $\left(m-\log\frac{1+\gamma}{1-\gamma},m\right)$-块源，来得出：(1) SV$(\gamma,n)$是$\left(t,\frac{\gamma}{2^{t+1}}\right)$-可分离的；(2) Block$(k,m,n)$是$\left(t,\frac{2^{m-k}-1}{2^{t+1}\cdot(2^{m-k}+1)}\right)$-可分离的。其证明如下：

证明

(1) 首先回顾 γ-偏差半空间源[22,71]的概念：

定义 3.10 给出规模为 2^{n-1} 的子集 $S\subset\{0,1\}^n$ 及 $0\leqslant\gamma<1$。$\{0,1\}^n$ 上的分布 $H_S(\gamma,n)$定义如下：

$$R\equiv H_S(\gamma,n)\overset{\text{def}}{=\!=}\begin{cases}\Pr[R=r]=(1+\gamma)\cdot 2^{-n}, & \text{若 } r\in S\\ \Pr[R=r]=(1-\gamma)\cdot 2^{-n}, & \text{其他}\end{cases}$$

γ-偏差半空间源 $\mathcal{H}(\gamma,n)$定义为

$$\mathcal{H}(\gamma,n)\overset{\text{def}}{=\!=}\{H_S(\gamma,n)\mid S\subseteq\{0,1\}^n \text{ 且 } |S|=2^{n-1}\}$$

断言 3.2 （见参考文献[22,71]）对于任意 $n\in\mathbb{Z}^+$ 和 $0\leqslant\gamma<1$ 来说，有 $\mathcal{H}(\gamma,n)\subset\mathcal{SV}(\gamma,n)$。

因此，我们只需选择子集 S 使得

$$\Pr_{r\leftarrow H_S(\gamma,n)}[r\in G]-\Pr_{r\leftarrow H_S(\gamma,n)}[r\in B]\geqslant\frac{\gamma}{2^{t+1}}$$

情形 1 假设$|G|\leqslant 2^{n-1}$，则$|B|+2^{n-1}\leqslant|G|+2^{n-1}\leqslant 2^n$。选择规模为 2^{n-1} 的集合 $S\subset\{0,1\}^n$ 使得 $G\subseteq S$ 且 $B\cap S=\varnothing$，则

$$\begin{aligned}&\Pr_{r\leftarrow H_S(\gamma,n)}[r\in G]-\Pr_{r\leftarrow H_S(\gamma,n)}[r\in B]\\&=\frac{1+\gamma}{2^n}\cdot|G|-\frac{1-\gamma}{2^n}\cdot|B|\\&=\frac{|G|-|B|}{2^n}+\gamma\cdot\frac{|G|+|B|}{2^n}\\&\geqslant\gamma\cdot\frac{2^{n-t}}{2^n}=\frac{\gamma}{2^t}\end{aligned}$$

情形 2 假设$|G|>2^{n-1}$。选择任意规模为 2^{n-1} 的集合 $S\subset\{0,1\}^n$ 使得 $S\subset G$，则$|S|=|\{0,1\}^n\backslash S|\geqslant|G\backslash S|$。

$$\begin{aligned}&\Pr_{r\leftarrow H_S(\gamma,n)}[r\in G]-\Pr_{r\leftarrow H_S(\gamma,n)}[r\in B]\\&=\frac{1+\gamma}{2^n}\cdot|S|+\frac{1-\gamma}{2^n}\cdot|G\backslash S|-\frac{1-\gamma}{2^n}\cdot|B|\\&=\frac{1-\gamma}{2^n}\cdot\left(\frac{1+\gamma}{1-\gamma}\cdot|S|+|G\backslash S|-|B|\right)\\&=\frac{1-\gamma}{2^n}\cdot\left(|S|+|G\backslash S|-|B|+\frac{2\gamma}{1-\gamma}\cdot|S|\right)\end{aligned}$$

$$\geqslant \frac{1-\gamma}{2^n} \cdot \left[(|S|+|G\backslash S|)-|B|+\frac{\gamma}{1-\gamma} \cdot (|S|+|G\backslash S|)\right]$$

$$=\frac{1-\gamma}{2^n} \cdot \left[(|G|-|B|)+\frac{\gamma}{1-\gamma} \cdot |G|\right]$$

$$\geqslant \frac{1-\gamma}{2^n} \cdot \frac{\gamma}{1-\gamma} \cdot 2^{n-t-1}$$

$$=\frac{\gamma}{2^{t+1}}$$

(2) 利用参考文献[22]中的断言来证明。该断言实质上是参考文献[71]中的引理 2 的推广。该断言如下:

断言 3.3　对于任意规模为 2^{n-1} 的集合 $S \subset \{0,1\}^n$，$0 \leqslant \gamma < 1$ 以及 $m \in \mathbb{Z}^+$ 来说，其中 n/m 是一个整数，分布 $H_S(\gamma,n)$ 是一个 n-位的$\left(m, m-\log \frac{1+\gamma}{1-\gamma}\right)$-块分布。

证明　对于任意的 $i \in [m/n]$ 和 $s \in \{0,1\}^{n-m}$ 来说，由于

$$\max_{x \in \{0,1\}^m} \Pr[R_i = x \mid \bar{R}_i = s]$$

$$= \max_{x \in \{0,1\}^m} \frac{\Pr[R_i = x \wedge \bar{R}_i = s]}{\Pr[\bar{R}_i = s]}$$

$$\leqslant \frac{\frac{1+\gamma}{2^n}}{\frac{1-\gamma}{2^n} \cdot 2^m}$$

$$= \frac{1+\gamma}{1-\gamma} \cdot 2^{-m}$$

因此，

$$H_\infty(R_i \mid \bar{R}_i = s) = -\log \max_{x \in \{0,1\}^m} \Pr[R_i = x \mid \bar{R}_i = s] \geqslant m - \log \frac{1+\gamma}{1-\gamma}$$

令 $\gamma = \frac{2^{m-k}-1}{2^{m-k}+1}$，则 $k = m - \log \frac{1+\gamma}{1-\gamma}$。因此，只需选择子集 S 使得

$$\Pr_{r \leftarrow H_S(\gamma,n)}[r \in G] - \Pr_{r \leftarrow H_S(\gamma,n)}[r \in B] \geqslant \frac{\gamma}{2^{t+1}}$$

其中，$\gamma = \frac{2^{m-k}-1}{2^{m-k}+1}$。由(1)的证明可得，存在子集 S 使得

$$\Pr_{r \leftarrow H_S(\gamma,n)}[r \in G] - \Pr_{r \leftarrow H_S(\gamma,n)}[r \in B] \geqslant \frac{\gamma}{2^{t+1}}$$

然而，这些结果不是最优的。本章引入块源的新的可分离性的界(见引理 3.2(b))，并利用它来推出 SV 源的改进的可分离性的界。

引理 3.2

(a) 假设 $k\leqslant n-1$,则当 $k\leqslant n-t-1$ 时,$\mathscr{W}\mathrm{eak}(k,n)$是$(t,1)$-可分离的;当 $n-t-1<k\leqslant n-1$ 时,$\mathscr{W}\mathrm{eak}(k,n)$是$(t,2^{n-t-k-1})$-可分离的。特别地,当 $k\leqslant n-t$ 时,$\mathscr{W}\mathrm{eak}(k,n)$是$\left(t,\dfrac{1}{2}\right)$-可分离的。

(b) $\mathscr{B}\mathrm{lock}(k,m,n)$是$\left(t,\dfrac{1}{1+2^{t+1}\cdot\left(\dfrac{2^k-1}{2^m-2^k}\right)}\right)$-可分离的。特别地,当 $k\leqslant m-1$ 时,$\mathscr{B}\mathrm{lock}(k,m,n)$是$(t,1/(1+2^{2+t+k-m}))$-可分离的(从而当 $k\leqslant m-t-2$ 时,$\mathscr{B}\mathrm{lock}(k,m,n)$是$\left(t,\dfrac{1}{2}\right)$-可分离的)。

(c) $\mathscr{SV}(\gamma,n)$是$\left(t,\dfrac{\gamma}{2^t}\right)$-可分离的。

(d) $\mathscr{BCL}(\gamma,b,n)$是$\left(t,1-\dfrac{2^{t+2}}{(1+\gamma)^b}\right)$-可分离的。特别地,当 $b\geqslant\dfrac{t+3}{\log(1+\gamma)}=\Theta\left(\dfrac{t+1}{\gamma}\right)$时,$\mathscr{BCL}(\gamma,b,n)$是$\left(t,\dfrac{1}{2}\right)$-可分离的。

证明 令 $G,B\subseteq\{0,1\}^n$,其中 $G\cap B=\varnothing$ 且 $|G\cup B|\geqslant 2^{n-t}$。不失一般性,假设 $|G|\geqslant|B|$,则 $|G|\geqslant 2^{n-t-1}$。

(a) **情形 1** 假设 $k\leqslant n-t-1$。选取任意大小为 $|S|=2^k$ 的集合 $S\subset\{0,1\}^n$ 使得 $S\subseteq G$,则

$$\Pr_{r\leftarrow U_S}[r\in G]-\Pr_{r\leftarrow U_S}[r\in B]=1-0=1$$

情形 2 假设 $n-t-1<k\leqslant n-1$。

情形 2.1 假设 $|G|\leqslant 2^k$,则 $|B|+2^k\leqslant|G|+2^k\leqslant 2^k+2^k\leqslant 2^n$。选取任意大小为 $|S|=2^k$ 的集合 $S\subset\{0,1\}^n$ 使得 $G\subseteq S$ 且 $B\cap S=\varnothing$,则

$$\Pr_{r\leftarrow U_S}[r\in G]-\Pr_{r\leftarrow U_S}[r\in B]=\frac{1}{2^k}\cdot|G|-0\geqslant 2^{n-t-k-1}$$

情形 2.2 假设 $|G|>2^k$。选取任意大小为 $|S|=2^k$ 的集合 $S\subset\{0,1\}^n$ 使得 $S\subset G$,则

$$\Pr_{r\leftarrow U_S}[r\in G]-\Pr_{r\leftarrow U_S}[r\in B]=1-0=1$$

假设 $k\leqslant n-t$。若 $k\leqslant n-t-1$,则该情况可归约为情形 1;否则可归约为情形 2。

(b) 分布 R 定义如下:当 $r\notin G$ 时,令 $\Pr[R=r]=q$;当 $r\in G$ 时,令 $\Pr[R=r]=q(2^m-1)/(2^k-1)$,其中 q 满足

$$(2^n-|G|)\cdot q+|G|\cdot q(2^m-1)/(2^k-1)=1$$

该等式等价于

$$q\left(|G|\cdot\frac{2^m-2^k}{2^k-1}+2^n\right)=1 \tag{3-2}$$

首先，我们断言 R 是一个合理的 n-位 (k,m)-块源。这里给出一个更强的结果：对于任意 $i\in[n/m]$ 且 $s_1,\cdots,s_{i-1},s_{i+1},\cdots,s_{n/m}\in\{0,1\}^m$ 来说，都有

$$H_\infty(R_i \mid R_1\cdots R_{i-1}R_{i+1}\cdots R_{n/m}=s_1\cdots s_{i-1}s_{i+1}\cdots s_{n/m})\geqslant k$$

（相应地，$H_\infty(R_i|R_1\cdots R_{i-1}=s_1\cdots s_{i-1})\geqslant k$。）

事实上，对于任意 $s_i\in\{0,1\}^m$ 来说，

$$\begin{aligned}&\Pr[R_i=s_i \mid R_1\cdots R_{i-1}R_{i+1}\cdots R_{n/m}=s_1\cdots s_{i-1}s_{i+1}\cdots s_{n/m}]\\=&\frac{\Pr[R_1\cdots R_{i-1}R_iR_{i+1}\cdots R_{n/m}=s_1\cdots s_{i-1}s_is_{i+1}\cdots s_{n/m}]}{\sum_{s_i'\in\{01\}^m}\Pr[R_1\cdots R_{i-1}R_iR_{i+1}\cdots R_{n/m}=s_1\cdots s_{i-1}s_i's_{i+1}\cdots s_{n/m}]}\\\leqslant&\frac{q(2^m-1)/(2^k-1)}{q(2^m-1)/(2^k-1)+q(2^m-1)}=2^{-k}\end{aligned}$$

故断言成立。

接下来，由于 $|G|\geqslant|B|$，故

$$\left|\Pr_{r\leftarrow R}[r\in G]-\Pr_{r\leftarrow R}[r\in B]\right|=|G|\cdot\frac{q(2^m-1)}{2^k-1}-|B|\cdot q\geqslant q\cdot|G|\cdot\frac{2^m-2^k}{2^k-1}$$

与等式(3-2)做比较，并令 $\alpha=q\cdot|G|\cdot\dfrac{2^m-2^k}{2^k-1}$，$\beta=q\cdot 2^n$，我们需要给出 α 的下界，其中 α 应满足：(1) $\alpha+\beta=1$；(2) $\beta=\alpha\cdot\dfrac{(2^k-1)2^n}{(2^m-2^k)|G|}\leqslant\alpha\cdot\dfrac{2^{t+1}(2^k-1)}{2^m-2^k}$，这里利用了 $|G|\geqslant 2^{n-t-1}$。结合(1)和(2)，可得

$$1=\alpha+\beta\leqslant\alpha\left(1+2^{t+1}\cdot\frac{2^k-1}{2^m-2^k}\right)$$

这样就得到了(b)部分中给出的 α 的精确的下界。

当 $k\leqslant m-1$ 时，有 $(2^k-1)/(2^m-2^k)\leqslant 2^k/2^{m-1}=2^{k-m+1}$，从而得到(b)中的界

$$\frac{1}{1+2^{t+1}\cdot\left(\dfrac{2^k-1}{2^m-2^k}\right)}\geqslant\frac{1}{1+2^{2+t+k-m}}$$

(c) 对于(b)，我们考虑 $m=1$ 且 $2^{-k}=(1+\gamma)/2$ 这一特殊情况，则

$$2^k-1=(1-\gamma)/(1+\gamma)$$
$$2^m-2^k=2-2/(1+\gamma)=2\gamma/(1+\gamma)$$

从而得到 (t,δ)-可分离性，其中

$$\delta=\frac{1}{1+2^{t+1}\cdot\dfrac{1-\gamma}{2\gamma}}=\frac{\gamma}{2^t-\gamma(2^t-1)}\geqslant\frac{\gamma}{2^t}\quad(\text{由于 } t\geqslant 0)$$

(d) 首先回顾参考文献[12]中的以下结果。

给出布尔函数 $f_e:\{0,1\}^n\rightarrow\{0,1\}$，该函数与事件 E 关联起来，满足“E 发生$\Leftrightarrow$

$f_e(x)=1$”，其中 $x\in\{0,1\}^n$。

E 的自然概率定义为 E 关于理想源（即生成 n 个完美无偏位的源）发生的概率。更正式地，令 $p=\Pr\limits_{r\leftarrow U_n}[f_e(r)=1]=\Pr\limits_{r\leftarrow U_n}[E\text{ 发生}]$。称 E（或 f_e）是 p-稀疏的。把所有 p-稀疏的事件（或布尔函数）构成的集合记为 $\mathscr{E}$。

把源 $\mathscr{BCL}(\gamma,b,n)$ 看作能够通过利用 BCL 源的定义中的规则(a)和(b)来影响源的行为的敌手 $\mathscr{A}$。目标是研究敌手 $\mathscr{A}$ 是否有足够的能力显著地影响 E 发生的概率。对于给定的 b，为了获得 $\mathscr{A}$“成功”的最大概率（即 p-稀疏的事件对于源 BCL(γ，b，n)发生的最大概率），我们首先研究反面概念“失败”的最小概率，并得到以下断言：

断言 3.4 （见参考文献[12]）令 $F(p,n,b)\xlongequal{\text{def}}\max\limits_{e\in\varepsilon}\min\limits_{R\in\mathrm{BCL}(\gamma,b,n)}\Pr\limits_{r\leftarrow R}[f_e(r)=0]$，则

$$F(p,n,b)\leqslant\frac{1}{p\cdot(1+\gamma)^b}=2^{\log\frac{1}{p}-\Theta(\gamma b)}$$

换句话说，若 b“充分大”$\left(\text{即 } b\gg\frac{1}{\gamma}\log\frac{1}{p}\right)$，则 $\mathscr{A}$ 使得 p-稀疏的事件发生的概率很接近于 1。

现在回到本章的引理。定义函数 $f_e:\{0,1\}^n\to\{0,1\}$ 如下：

$$f_e(r)=\begin{cases}1, & r\in G\\ 0, & \text{其他}\end{cases}$$

则从上述断言可得

$$\min_{R\in\mathscr{BCL}(\gamma,b,n)}\Pr_{r\leftarrow R}[f_e(r)=0]\leqslant\frac{1}{\frac{|G|}{2^n}\cdot(1+\gamma)^b}$$

因此，存在一个(γ,b,n)-BCL 分布 R_0，使得

$$\Pr_{r\leftarrow R_0}[f_e(r)=0]=\min_{R\in\mathscr{BCL}(\gamma,b,n)}\Pr_{r\leftarrow R}[f_e(r)=0]\leqslant\frac{1}{\frac{|G|}{2^n}\cdot(1+\gamma)^b}$$

从而，

$$\Pr_{r\leftarrow R_0}[r\in G]=\Pr_{r\leftarrow R_0}[f_e(r)=1]\geqslant 1-\frac{1}{\frac{|G|}{2^n}\cdot(1+\gamma)^b}$$

$$\Pr_{r\leftarrow R_0}[r\in B]\leqslant\Pr_{r\leftarrow R_0}[f_e(r)=0]\leqslant\frac{1}{\frac{|G|}{2^n}\cdot(1+\gamma)^b}$$

相应地，

$$\Pr_{r\leftarrow R_0}[r\in G]-\Pr_{r\leftarrow R_0}[r\in B]\geqslant 1-\frac{2}{\frac{|G|}{2^n}\cdot(1+\gamma)^b}\geqslant 1-\frac{2^{t+2}}{(1+\gamma)^b}$$

因此，$\mathcal{BCL}(\gamma,b,n)$是$\left(t,1-\frac{2^{t+2}}{(1+\gamma)^b}\right)$-可分离的。

令$\frac{2^{t+2}}{(1+\gamma)^b}\leqslant\frac{1}{2}$$\left(即\ b\geqslant\frac{t+3}{\log(1+\gamma)}\right)$，从而，若$b\geqslant\frac{t+3}{\log(1+\gamma)}$，则$\mathcal{BCL}(\gamma,b,n)$是$\left(t,\frac{1}{2}\right)$-可分离的。

3.3.2 对传统隐私和差分隐私的影响

1. 关于传统隐私的不可能性结果

由引理 3.2 和推论 3.1(a)～(d)可得如下结论：

定理 3.5 对于表 3-1 中的 δ 来说，不存在$(\mathcal{R}_n,\delta)$-安全的密码学原语 P，其中 $\mathcal{R}_n\in\{\mathrm{Weak}(k,n),\mathrm{Block}(m-1,m,n),\mathrm{SV}(\gamma,n),\mathrm{BCL}(\gamma,b,n)\}$，且 $P\in\{$位抽取器、位加密方案、弱位承诺、位 T-秘密分享$\}$。

表 3-1 满足不存在$(\mathcal{R}_n,\delta)$-安全的密码学原语 P 的 δ 值

P / $\mathcal{R}_n$	位抽取器	位加密方案	弱位承诺	位 T-秘密分享
$\mathcal{W}\mathrm{eak}(k,n)$	1，若 $k\leqslant n-2$	1，若 $k\leqslant n-2$	1，若 $k\leqslant n-3$	1，若 $k\leqslant n-\log T-2$
$\mathcal{W}\mathrm{eak}(n-1,n)$	$\frac{1}{2}$	$\frac{1}{2}$	$\frac{1}{4}$	$\frac{1}{2T}$
$\mathcal{B}\mathrm{lock}(m-1,m,n)$	$\frac{1}{5}$	$\frac{1}{5}$	$\frac{1}{9}$	$\frac{1}{4T+1}$
$\mathcal{SV}(\gamma,n)$	$\frac{\gamma}{2}$	$\frac{\gamma}{2}$	$\frac{\gamma}{4}$	$\frac{\gamma}{2T}$
$\mathcal{BCL}(\gamma,b,n)$	$\frac{1}{2}$，若 $b\geqslant\frac{4}{\log(1+\gamma)}$	$\frac{1}{2}$，若 $b\geqslant\frac{4}{\log(1+\gamma)}$	$\frac{1}{2}$，若 $b\geqslant\frac{5}{\log(1+\gamma)}$	$\frac{1}{2}$，若 $b\geqslant\frac{\log T+4}{\log(1+\gamma)}$

注 3.5 尽管基于块源和 BCL 源的传统隐私的不可能性结果是新的，但参考文献[22,35]已基于弱源和 SV 源得到了相似的结果。不过，本章的结果与参考文献[22,35]相比，仍有一些改进。首先，不像参考文献[35]，这里的区分器是高效的(见注释 3.3)，甚至排除了计算意义上安全的加密方案、承诺及秘密分享方案。第二，与参考文献[22]不同，这里的 δ 的下界不依赖于密文/承诺/分享的规模。特别地，参考文献[22]利用了位到位的混合讨论来得到不可能性结果，本章则利用了更聪明的"universal hashing trick"来证明定理 3.3。更重要的是，不像参考文献[22,35](那里针对于具体的弱/块/SV 源)，本章采用更模块化的方式来得到关于这些源的结果，从而使得这里的证明在某种程度上更富于启发性。

2. 基于弱源、块源及 BCL 源的差分隐私不可能性结果

现在把 $\mathscr{W}\text{eak}(k,n)$、$\mathscr{B}\text{lock}(k,m,n)$ 及 $\mathscr{BCL}(\gamma,b,n)$ 应用于差分隐私的不可能性结果。特别地，分别结合推论 3.1(e.2)与引理 3.2(a)、(b)、(d)，得到如下结论：

定理 3.6 对于下述源 $\mathscr{R}_n$ 和汉明重量查询来说，不存在具有$(\mathscr{R}_n,\varepsilon)$-差分隐私和$(U_n,\rho)$-效用的机制：

(a) $\mathscr{W}\text{eak}(k,n)$，其中 $k\leqslant n-\log(\varepsilon\rho)-6$；

(b) $\mathscr{B}\text{lock}(k,m,n)$，其中 $k\leqslant m-\log(\varepsilon\rho)-8$；

(c) $\mathscr{BCL}(\gamma,b,n)$，其中 $b\geqslant\dfrac{\log(\varepsilon\rho)+9}{\log(1+\gamma)}=\Omega\left(\dfrac{\log(\varepsilon\rho)+1}{\gamma}\right)$。

下面讨论差分隐私的不可能性结果对 SV 源无效。注意当与 SV 源相比这些源变得“攻击性更强”时的不可能性结果的强度。特别地，有用的差分隐私机制（称为“非平凡的”[38]）的目标是实现仅依赖于常数 ε，而不依赖于数据库 D 的规模 N 的效用 ρ（基于均匀分布）。这就意味着值 $\log(\varepsilon\rho)$ 的上界通常为 $c=O(1)$。对于这样的“非平凡”机制，本章的负面结果表明：基于(1) 最小熵为 $k=n-O(1)$的弱源，(2) 最小熵为 $k=m-O(1)$的块源，或(3) BCL 源（其中 $b=\Omega(1)$），差分隐私是不可能实现的。那么，是什么阻止了将 SV 源应用于不可能性结果（正如参考文献[38]给出了可行性结果）呢？简短的回答是引理 3.2(c)中给出的 SV 源的可分离性不够好，不足以导出很强的结果。具体解释如下。

3. 对于 SV 源的无效性

我们观察到定理 3.2 不能应用于 SV 源，由于 $\mathscr{SV}(\gamma,n)$仅仅是(t,δ)-可表达的，其中 $\delta=\dfrac{\gamma}{2^{t+1}}$，这就意味着 $2^t\delta=O(\gamma)$。相反地，为了利用定理 3.2，要求 $2^t\delta\geqslant\Omega(\rho\varepsilon)$ 成立。从而，若有希望的话，要求 $\rho=O(\gamma/\varepsilon)$成立，不过这就与定理 3.2 的证明中利用的前提条件 $\rho\geqslant1/(8\varepsilon)$相矛盾。事实上，与定理 3.2 的证明类似（证明忽略），可以得到：若对于汉明重量查询来说，存在具有$(\mathscr{SV}(\gamma,n),\varepsilon)$-差分隐私和$(U_n,\rho)$-效用的机制，则 $\rho>\dfrac{\gamma}{32\cdot\varepsilon}=\Omega\left(\dfrac{\gamma}{\varepsilon}\right)$成立。

不幸的是，本章得到的这一结论是很弱的，由于我们能得到一个更强的结果（即使源 $\mathscr{R}_n$ 只包含均匀分布 U_n 时）。为完整起见，给出下列被广泛认可的结果。

引理 3.3 对于汉明重量查询来说，假设机制 M 具有(U_n,ε)-差分隐私和(U_n,ρ)-效用，则 $\rho\geqslant\dfrac{1}{\mathrm{e}+1}\cdot\dfrac{1}{\varepsilon}=\Omega\left(\dfrac{1}{\varepsilon}\right)$。

证明 对于任意 $D,D'\in\mathscr{D}$ 来说，令 $\beta\overset{\text{def}}{=\!=}\dfrac{\mathbb{E}_{r\leftarrow R}[M(D',r)]}{\mathbb{E}_{r\leftarrow R}[M(D,r)]}$。由定义 3.7 可得，$\beta\geqslant\dfrac{\text{wt}(D')-\rho}{\text{wt}(D)+\rho}$。由定义 3.6 可得

$$\beta=\frac{\sum_z z\Pr_{r\leftarrow R}[M(D',r)=z]}{\sum_z z\Pr_{r\leftarrow R}[M(D,r)=z]}\leqslant\frac{\sum_z z\mathrm{e}^{\varepsilon\cdot\Delta(D,D')}\Pr_{r\leftarrow R}[M(D,r)=z]}{\sum_z z\Pr_{r\leftarrow R}[M(D,r)=z]}=\mathrm{e}^{\varepsilon\cdot\Delta(D,D')}$$

从而，

$$\frac{\mathrm{wt}(D')-\rho}{\mathrm{wt}(D)+\rho}\leqslant\mathrm{e}^{\varepsilon\cdot\Delta(D,D')}$$

选取满足 $\mathrm{wt}(D)=0$ 的 D。令 $\mathrm{Ball}(D,\alpha)=\{D':\Delta(D,D')\leqslant\alpha\}$，则

$$\forall D'\in\mathrm{Ball}\left(D,\frac{1}{\varepsilon}\right)\Rightarrow\frac{\mathrm{wt}(D')-\rho}{\rho}\leqslant\mathrm{e}^{\varepsilon\cdot\Delta(D,D')}\leqslant\mathrm{e}\Rightarrow\rho\geqslant\frac{1}{\mathrm{e}+1}\mathrm{wt}(D')$$

选取满足 $\mathrm{wt}(D')=\frac{1}{\varepsilon}$ 的 D'，于是得到 $\rho\geqslant\frac{1}{\mathrm{e}+1}\cdot\frac{1}{\varepsilon}=\Omega\left(\frac{1}{\varepsilon}\right)$。

因此，本章的技术不能得到关于 γ-SV 源的有用结果。当然这并不奇怪，由于 Dodis 等人已对于计数查询（包括汉明重量查询）构造出具有$(\mathcal{SV}(\gamma,n),\varepsilon)$-差分隐私和$(\mathcal{SV}(\gamma,n),\rho)$-效用的机制，其中 $\rho=\mathrm{poly}_{1/(1-\gamma)}\left(\frac{1}{\varepsilon}\right)\gg\frac{1}{\varepsilon}$ 且 $\mathrm{poly}_{1/(1-\gamma)}(x)$表示一个多项式，该多项式的度和系数为关于 $1/(1-\gamma)$ 的固定的（相当大的）函数[38]。

3.3.3　关于传统隐私和差分隐私的不可能性结果比较

本部分对比关于传统隐私和差分隐私的不可能性结果（见表 3-2）。对于传统隐私，考虑位抽取器、位加密方案、弱位承诺及位 T-秘密分享（令 $T=2$）。不难发现，关于差分隐私的不可能性结果仅仅稍微比关于传统隐私的不可能性结果弱一点。

表 3-2　关于传统隐私和差分隐私的不可能性结果比较

源	传统隐私 δ	差分隐私 ε 与效用 ρ
$\mathcal{B}\mathrm{lock}(k,m,n)$	不可能的，若 $\delta\leqslant\frac{1}{9}$，即使 $k=m-1$	不可能的，若 $k\leqslant m-\log(\varepsilon\rho)-O(1)$
$\mathcal{SV}(\gamma,n)$	不可能的，若 $\delta=O(\gamma)$	不可能的，若 $\rho=O\left(\frac{1}{\varepsilon}\right)$，甚至对于 U_n； （可能的，若 $\rho=\mathrm{poly}_{1/(1-\gamma)}\left(\frac{1}{\varepsilon}\right)\gg\frac{1}{\varepsilon}$）
$\mathcal{BCL}(\gamma,b,n)$	不可能的，若 $\delta=O(\gamma)$，甚至当 $b=0$ 时； 不可能的，若 $\delta\leqslant\frac{1}{2}$ 且 $b=\Omega\left(\frac{1}{\gamma}\right)$	不可能的，若 $b=\Omega\left(\frac{\log(\varepsilon\rho)+1}{\gamma}\right)$

特别地，尽管“结构化”很强的（而不切实际的）SV 源足以保证条件松的、非平凡的差分隐私，却不能保证（足够强的）传统隐私，一旦源变得更切合实际（例如 b 变成超常数或去掉块源中的条件熵保证）时，这两种隐私都很快地变得不可能实现。换句话说，虽然已有基于 SV 源的关于差分隐私的可行性结果[38]，不过“对于切合实际的

弱随机源来说，不能实现隐私"这一观点看起来是正确的。

3.4 本章小结

本章对已有的技术(该技术基于非完美随机源得到了关于隐私的不可能性结果)进行抽象和一般化。与已有的工作(参考文献[23]除外)集中于研究具体的非完美随机源 $\mathcal{R}$(例如 SV 源)不同，本章研究了基于一般源 $\mathcal{R}$ 的不可能性结果，并以几种源(即 SV 源[14]、弱源/块源[11]、BCL 源[12])作为具体例子来说明该技术。特别地，本章引入了可表达性和可分离性的概念来衡量"非完美性"，并得到以下结果：

(1) 由低水平的可表达性一般会推出关于传统隐私和差分隐私的强的不可能性结果。

(2) 把可表达性归约为可分离性，并证明"弱位抽取"与不可分离性的等价性。

(3) 尽管一些具体的源(例如 SV 源)的可分离性实际上已知，本章仍给出包括"块源"在内的几种重要的源的新的可分离性结果。

我们强调前两个结果是完全一般的，把基于 $\mathcal{R}$ 的隐私的不可能性问题归约为更简单的且自包含的关于 $\mathcal{R}$ 的可分离性问题。研究后面的理论仅仅需要针对"具体的源"采用相关技术。特别地，在明确了弱源和 SV 源的已有的可分离性结果，并建立了块源和 BCL 源的新的可分离性结果之后，得到如下推论：

(1) 已有的、不过量上改进的、关于传统隐私的不可能性结果，这些结果是基于更广泛的源 $\mathcal{R}$(即弱源、块源、SV 源、BCL 源)的。

(2) 第一个关于差分隐私的不可能性结果。尽管这些结果(仅仅)对于结构化很强的 SV 源是无效的，一旦这些源变得稍微更切合实际(例如受到很大"限制"的弱源/块源/BCL 源)时，这些不可能性结果极快地变回来。

(3) 若可实现基于某非完美随机源的传统隐私或差分隐私的安全性，则可得到基于该源的某种类型的确定性位抽取。

尽管已有参考文献[38]，本章的结果似乎统一并强化了观点：大多数情况下，对于非完美随机源来说，隐私是不可能的，除非该源是(几乎)确定性可抽取的。更重要的是，这些结果提供了一幅直观的、模块化的和统一的画面来阐明基于一般非完美随机源的隐私的不可能性结果。

第 4 章　基于偏差-控制受限源的差分隐私机制

差分隐私的研究对象是统计数据库。具有隐私保护作用的统计数据库能保证在不泄露用户的私密数据的情况下，让他人获得较宽松的统计事实。差分隐私可保证删除或添加数据库的一条记录不会(大幅)影响机制的输出[72]。

在差分私有机制的设计中，通常假设随机源服从均匀分布。然而，在许多情况下，这似乎是不现实的，我们必须处理各种不完美的随机源。

Dodis 等人(CRYPTO'12)基于 1986 年提出的 Santha-Vazirani(简称 SV)源引入了 SV-一致采样性质，在此基础上构造了明确的具有差分隐私性和效用性的差分隐私机制[38]，并留下公开问题：差分隐私能否建立在比 SV 源更切合实际(即 less structured，结构化更弱)的源上？

偏差-控制受限(BCL)源是由 Dodis(ICALP'01)提出的一种更切合实际的源[12]。该源为 SV 源和序列-位固定源的推广。由于该源自然地对 SV 源进行了扩展，而 SV 源对于非平凡的差分隐私来说是可能的，一个自然的问题是：能否把参考文献[38]中的结果推广到 BCL 源中？

我们试图把 SV-一致采样自然地扩充为 BCL-一致采样，不幸的是，并未得到比较乐观的结果。这并不令人意外，主要原因是 SV-一致采样性质需要"连续的"字串(即字串布满整个区间)，这对实现 SV-差分隐私来说是很关键的，而无法由"非平凡的"BCL 源产生，基于源 $\mathscr{BCL}(\delta,b)$(其中 $b\neq 0$)的机制无法满足该性质。另外，Dodis 等人(CRYPTO'12)[38]提出的差分隐私机制的构造和差分隐私相关证明中采用的随机源的比特长度存在一些不一致，迫切需要设计更合适的差分隐私机制和更严密的证明。

以上述问题为研究动机，我们引入了一种新的性质，称为紧致的 BCL-一致采样性质，该性质的退化形式与 Dodis 等人(CRYPTO'12)提出的 SV-一致采样性质[38]并不相同。我们证明了如果基于 BCL 源的机制满足紧致的 BCL-一致采样性质，则对于满足某些限定的参数而言，该机制满足差分隐私性。即使当 BCL 源退化为 SV 源时，我们的证明也比 Dodis 等人(CRYPTO'12)[38]的证明要直观简单得多。进一步，我们对已有的无限精度机制进行改进，并引入一种新的截断技术，构造了明确的有限精度机制。另外，我们给出了关于该机制的差分隐私性和效用性的具体结果及其严格证明，其中核心的一步证明要比 Dodis 等人(CRYPTO'12)[38]的相关证明技巧性更强,且简短得多。

上一章得到了关于 BCL 源的不可能性结果:当 $b\geqslant\Omega(\log(\varepsilon\rho)/\delta)$时,对于汉明重量查询来说,不存在具有$(\mathscr{BCL}(\delta,b),\varepsilon)$-差分隐私和$(\mathscr{U},\rho)$-效用的机制[17]。换句话说,对于汉明重量查询来说,若存在具有$(\mathscr{BCL}(\delta,b),\varepsilon)$-差分隐私和$(\mathscr{U},\rho)$-效用的机制,则 $b\leqslant O(\log(\varepsilon\rho)/\delta)$。该结果使得构造基于 BCL 源的具有差分隐私性和效用性的机制成为可能。本章将给出与参数限定相匹配的基于 BCL 源的明确的差分隐私机制的构造及其安全性证明[74]。

1. 引　言

偏差-控制受限源[12]是由 Dodis 引入的一种更切合实际的源[12]。偏差-控制受限源 $\mathscr{BCL}(\delta,b)$产生一系列的位 $x_1,\cdots,x_n$:对于 $i=1,\cdots,n$ 来说,x_i 的值按以下两种方式之一依赖于 $x_1,\cdots,x_{i-1}$:(a) x_i 由 $x_1,\cdots,x_{i-1}$ 完全确定,但这种情况发生的次数至多为某常数 b;(b) $\frac{1-\delta}{2}\leqslant\Pr[x_i=1\mid x_1\cdots x_{i-1}]\leqslant\frac{1+\delta}{2}$,这里 $0\leqslant\delta<1$(详见定义 2.18)。特别地,当 $b=0$ 时,此源退化为 Santha 和 Vazirani 引入的 SV 源[14];当 $\delta=0$ 时,它退化为 Lichtenstein、Linial 和 Saks 引入的位固定源[13];当 $b=0$ 且 $\delta=0$ 时,它对应于均匀随机源。若 $b\neq0$ 且 $\delta\neq0$,则我们说 BCL 源是非平凡的。BCL 源给出了下述问题的模型化:流源的每一位可能不是均匀随机的,由于噪声、测量错误及其他一些缺陷,微小的错误是不可避免的;由于内部联系、测量条件限制或设置不当,一些位非平凡地依赖于前面的位,其极端情况是有的位由前面的位完全确定。

为了表明研究 BCL 源的重要性,我们先来介绍流源(streaming sources)。一般来说,流源产生一个有序的位序列,但是这些位可以有一定的偏差或相关性。流源很真实地形式化了任何随着时间的推移递增地产生“非完美随机源”的过程。研究这种源具有重要的理论意义和应用价值。首先,这种抽取的视角使很多这样的源的产生机理更加清楚。其次,这些源更接近理想的随机源且在许多情况下很切合实际应用场景。再次,该源关乎“离散控制过程”的研究,该研究的目的是控制一些预期事件,并测验给定离散过程所需的“控制”程度。最后,处理该源时有助于我们发现某些特定的复杂因素所产生的影响。到目前为止,人们对一系列流源(例如,SV 源、位固定源和 BCL 源)进行了研究(详见参考文献[12])。

由于 BCL 源自然和切合实际地对 SV 源进行了推广,而基于 SV 源来构造非平凡的差异隐私机制是可能的,能否将已有结果推广到 BCL 源(特别是当 b 取合理的较大值时,详见参考文献[73])上就成为很有趣和有意义的话题。近年来,Dodis 和 Yao[17] 发现了一个关于 BCL 源的不可能性结果:当 $b\geqslant\Omega((\log(\xi\rho)+1)/\delta)$时,对于汉明权重查询来说,不可能实现具有$(\mathrm{BCL}(\delta,b),\xi)$-差分隐私性(参见定义 4.2)和$(\mathscr{U},\rho)$-效用性(准确性)(参见定义 4.3)的机制。换句话说,对于汉明权重查询来说,如果存在具有$(\mathscr{BCL}(\delta,b),\xi)$-差分隐私性和$(\mathscr{U},\rho)$-效用性(准确性)的机制,则 $b<$

$O((\log(\xi\rho)+1)/\delta)$。该结果为我们设计满足 $b<O((\log(\xi\rho)+1)/\delta)$ 的差分隐私机制点亮了一丝希望。

从本质上讲，为了实现差分隐私，需要对 $\Pr_{r\leftarrow \mathrm{BCL}(\delta,b)}[r\in T_1]/\Pr_{r\leftarrow \mathrm{BCL}(\delta,b)}[r\in T_2]$ 的界进行限制。我们试图自然地将 SV-一致采样（参见定义 4.7）扩展到 BCL 源上，但并未得到正面的结果。这并不奇怪，由于“区间”（interval）的性质（参见定义 4.7）是实现 SV-差分隐私的关键，而基于 $\mathscr{BCL}(\delta,b)$（其中 $b\neq 0$）的机制可能不是一个满足“区间”性质的机制（这是因为有些点不能由 BCL 源生成）。粗略地说，为了满足基于 SV 源的差分隐私，$|\mathrm{SUFFIX}(u,n)|$ 应近似等于 $|T_1\cup T_2|$，其中 $\mathrm{SUFFIX}(u,n)$ 是所有长度为 n 且以 u 为前缀的二进制字符串的集合。不过对于 BCL 源，由于可能一些值没有被产生，数值 $|T_1\cup T_2|$ 可能很小，不能近似等于该值。因此，对于 BCL 源，我们不能沿用定义 4.7 的思想。

另外，我们观察到，一方面，参考文献[38]中差分隐私机制的构造（详见参考文献[38]的图 5.1）中，T_1 中元素的位长（简记为 n_1）与 T_2 中元素的位长（简记为 n_1）并不相同；另一方面，参考文献[38]中差分隐私性和效用性的证明中，T_1 和 T_2 中元素的位长被定义为 $\max\{n_1,n_2\}$。这两处存在不一致。构造和证明之间存在差距，急需更合适的差分隐私机制的设计和更严格的证明。

以上述问题为研究动机，我们引入新的概念“紧致的 BCL-一致采样”性质，并得到一些结果[74]，具体如下：

2. 本章采用的技术和贡献

为了定义适用于 BCL 源的一致采样概念，我们采用以下技术。与参考文献[38]中限定 $\frac{|T_1\backslash T_2|}{|T_2|}$ 的上边界不同，本章我们给出了 $\frac{|T_1|}{|T_2|}$ 的上边界以简化证明过程。与参考文献[38]类似，依据 $\mathrm{BCL}(\delta,b,n)$ 的生成过程，我们可通过引入 T_1 和 T_2 的公共前缀 u 来限定分子的上界和分母的下界。与参考文献[38]中统一了 T_1 和 T_2 中元素的位长 n 不同，这里我们采用由机制产生的原始位长。因此，引入了一个关于 $n(f(D_2),z)-n(f(D_1),z)$ 上界的额外条件，其中 $n(\cdot,\cdot)$ 是位长函数。与参考文献[31]中限定 $|\mathrm{SUFFIX}(u,n)|/|T_1\cup T_2|=2^{n-|u|}/|T_1\cup T_2|$（参见定义 4.7）不同，我们将 $n(f(D_1),z)-|u|$ 的上界设为一个特定的常数。相应地，提出了紧凑的 BCL-一致采样的概念（参见定义 4.8）。

在构造明确的差分私有机制时遇到一些困难。根据参考文献[31]中产生有限精度机制的方法，我们不能把 $n(f(D_1),z)-|u|$ 的上限定为一个常数。为了解决这个问题，我们提出了一种新的截断技巧[74]。此外，我们还设计了一种新型的无限精度机制，该机制可看成参考文献[38]中相应机制的推广。将上述方法与参考文献[38]中的算术编码方法相结合，我们构造了一种明确的编码机制，并对其差分隐私性和效用性进行了分析。本章的贡献如下：

- 引入了一个新的概念，称为紧致的 BCL-一致采样（参见定义 4.8）。需要注意的是，如果 $b=0$，退化的 BCL-一致采样与 SV-一致采样（参见参考文献[38]中给出的定义 4.7）并不相同。

- 证明了如果 BCL 源满足该性质，那么相应的机制对于某些参数而言是差分隐私机制（参见定理 4.1）。即使将 BCL 源退化为 SV 源，与参考文献[38]相比（参见定理 4.1，其中 $b=0$，以及参考文献[38]的定理 4.4），我们的证明也要直观和简单得多。
- 给出了无限精度机制的一种改进的构造方法，它本质上是参考文献[38]中的构造方法的推广。此外，我们在有限精度机制的设计中使用了一种新的截断技术，以满足紧致的 BCL-一致采样性质（参见 4.4.2 小节）。
- 严格证明了这种机制的差分隐私性和效用性（参见定理 4.2 和定理 4.3）。虽然效用性的证明与参考文献[38]中的证明类似，但差分隐私性的证明与参考文献[38]中的对应证明有很大差异。不同之处具体如下：
  - 紧致的 BCL-一致采样的定义（参见定义 4.8）中的第一条性质的证明步骤要比 SV-一致抽样的定义（参见定义 4.7）中相应部分的证明的技巧性更强，且简短得多，这是由于前者利用了不等式的可加性，而后者则从累积拉普拉斯分布函数的原始概念出发造成的。
  - 对于两个相邻的数据库 $D_1, D_2 \in \mathscr{D}$，每个查询 $f \in \mathscr{F}$，以及所有可能的输出 z，我们的证明中的两个截断数值 $n(f(D_1),z)$ 和 $n(f(D_2),z)$ 是不同的，截断数值与机制的构造相匹配。此外，还考虑了 $n(f(D_2),z)-n(f(D_1),z)$ 的上界。然而，在参考文献[38]的证明中，理所当然地假定截断数值 $n(f(D_1),z)$ 和 $n(f(D_2),z)$ 为同一数值，这是不够合理的。
- 由参考文献[17]的结果可知，对于汉明权重查询来说，如果存在具有 $(\mathscr{BCL}(\delta,b),\xi)$-差分隐私性和 $(\mathscr{U},\rho)$-精确性的机制，则该机制的参数应该满足 $\rho > \frac{2^{b\cdot\log(1+\delta)-9}}{\xi}$，而我们则构建了具体的与上述的参数条件相匹配的差分隐私机制（见定理 4.4）。

4.1 差分隐私简介

一些传统的隐私保护技术无法完全抵抗背景信息的攻击，且无法提供严格且有效的数学理论来证明其隐私保护水平。2006 年，Dwork 提出了差分隐私（Differential Privacy，DP）的概念[75]。作为一种新兴的隐私保护机制，差分隐私不但可抵抗任意背景信息的攻击，还给出了一种衡量隐私的方法，并可对其进行严格的数学证明。差分隐私机制可使用户确信，不会因为将通过隐私机制处理后的数据进行发布而使其自身的隐私泄露。还可通过统计学的方法对使用差分隐私处理过的数据进行还原，得到原始数据的统计学特征，从而使数据的有用性得到保证。

差分隐私通过引入噪声对数据集的单个个体进行安全扰动，并要求输出结果对数据集中的任何特定记录都不敏感，使攻击者无法推断是由哪一个个体影响导致的结果。加入的数据扰动有多种形式，如对输入数据扰动、对中间参数扰动、对输出结果扰动、对目标函数扰动，需要平衡不同敌手攻击场景下隐私数据的安全性和数据本身价值的可用性。差分隐私具备严谨的数学理论，其核心优点在于：(1) 和背景知识严格无关的隐私保护模型，理论上可以抵御任何攻击，这有点像密码学领域中的一次性密码本；(2) 建立在严格的数学理论基础上，对隐私保护提供了量化的评估方法和严谨的数学证明。这点也非常类似密码学中的经典算法，比如 DES、AES、椭圆曲线等[72,77]。

差分隐私的部署和使用当前大多为政府和互联网巨头，差分隐私应用概览[76]如图 4-1 所示。

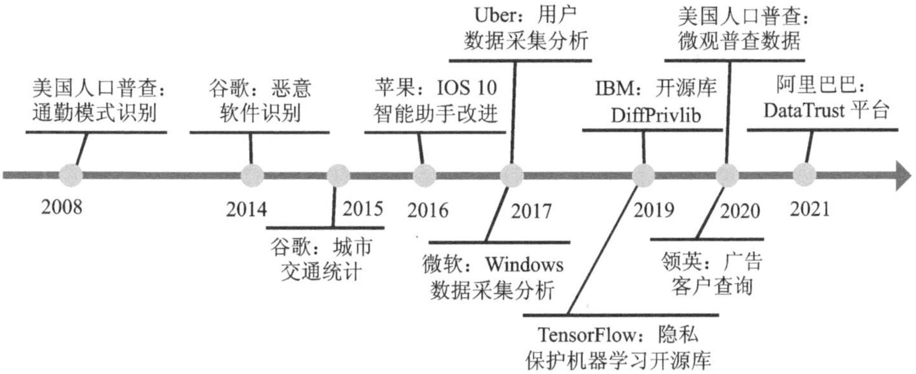

图 4.1　差分隐私应用概览[76]

定义 4.1　给定隐私参数 $\varepsilon,\delta\in(0,1)$ 和随机算法 $\mathscr{M}$，$P_{\mathscr{M}}$ 为 $\mathscr{M}$ 所有可能的输出构成的集合。对于任意两个相邻数据集 D_1 和 D_2（相邻数据集仅相差一条记录）以及 $P_{\mathscr{M}}$ 的任何子集 S，若算法 $\mathscr{M}$ 满足：

$$\Pr[\mathscr{M}(D_1)\in S]\leqslant e^{\varepsilon}\Pr[\mathscr{M}(D_1)\in S]+\delta$$

则称其提供 (ε,δ)-差分隐私保护，简称 (ε,δ)-DP，其中 $\mathscr{M}(D_1)$ 和 $\mathscr{M}(D_2)$ 表示算法 $\mathscr{M}$ 在数据集 D_1 和 D_2 上的输出；Pr 表示算法的输出概率；ε 为隐私保护预算，用于控制隐私保护级别；δ 表示对隐私保护程度的控制能力强弱，为可容忍的隐私预算超出 ε 的概率，$\delta=0$ 时，$(\varepsilon,0)$-DP 又称 ε-DP。

差分隐私保护预算 ε 是差分隐私保护所能提供的隐私保护级别的度量，ε 越小，差分隐私保护所提供的隐私保护级别就越高。一般 ε 取很小的值，以保证差分隐私保护的效果。被保护数据的可用性也与 ε 密切相关，一般来说，ε 越小，差分隐私保护所提供的随机扰动越大，被保护数据的可用性越差。

差分隐私基于概率统计学，其计算性能较高，但主要用于统计性计算中，通用性有待提高，同时由于加入了相关扰动，其计算精度有所降低。

4.2 预备知识

在本节中，我们将介绍一些后面将用到的符号和定义。

令$\{0,1\}^* \stackrel{\text{def}}{=\!=} \bigcup_{m\in\mathbb{Z}^+}\{0,1\}^m$。$\{0,1\}^*$上的分布会连续输出(可能相关的)位。称$\{0,1\}^*$上的一些分布构成的集合$\mathcal{R}$为源(source)。令$\mathcal{U}$表示均匀随机源(the uniform source)，该源是由$\{0,1\}^*$的均匀分布U(即该分布独立且均匀随机采样每一位)构成的集合。对于集合S来说，令U_S表示S上的均匀分布。为简单起见，令U_n表示$\{0,1\}^n$上的均匀分布。对于一个分布或随机变量R，令$r\leftarrow R$表示根据R抽取随机样本r的操作。对于任何x来说，令$\lceil x\rceil$表示不小于x的最近整数。

对于正整数m(即$m\in\mathbb{Z}^+$)，令$[m]\stackrel{\text{def}}{=\!=}\{1,2,\cdots,m\}$。对于$m\in\mathbb{Z}^+$且$x=x_1,\cdots,x_m\in\{0,1\}^m$来说，记$\text{SUFFIX}(x)\stackrel{\text{def}}{=\!=}\{y=y_1y_2\cdots\in\{0,1\}^*\mid x_i=y_i$，对于任意$i\in[m]\}$为以$x$为前缀的位串构成的集合。对于$n\in\mathbb{Z}^+$来说，其中$n\geqslant m$，记$\text{SUFFIX}(x,n)\stackrel{\text{def}}{=\!=}\text{SUFFIX}(x)\cap\{0,1\}^n$。对于任意序列$r=r_1r_2\cdots\in\{0,1\}^*$，令$r$的实数表示为实数$\text{REAL}(r)\stackrel{\text{def}}{=\!=}0.r_1r_2\cdots\in[0,1]$。对于任意区间$I\subseteq[0,1]$，令$|I|$表示$I$的长度，令$\text{STR}(I,n)\stackrel{\text{def}}{=\!=}\{r\in\{0,1\}^n\mid\text{REAL}(r)\in I\}$为所有其实数表示落在$I$中的$n$-位布尔字符串构成的集合。

把统计数据库看作从可数集合中得到的一个序列。两个数据库为相邻数据库，若它们仅仅有一行不同。令$\mathcal{D}$为所有数据库构成的空间。为简单起见，本章仅考虑查询函数$f:\mathcal{D}\rightarrow\mathbb{Z}$。机制$M$是一种算法，它以数据库$D$、查询$f$和某随机变量$r$作为输入，输出一个值$z$。令$\mathcal{Z}\subseteq\mathbb{Z}$为一个指定的集合，该集合包含所有可能的输出值。回顾参考文献[38,39,72]中提到的一些概念如下：

定义 4.2 令$\xi\geqslant 0$，$\mathcal{R}$为源，且$\mathcal{F}=\{f:\mathcal{D}\rightarrow\mathbb{Z}\}$为函数族。对于查询函数族$\mathcal{F}$来说，称机制$M$具有$(\mathcal{R},\xi)$-差分隐私，若对于所有相邻数据库$D_1,D_2\in\mathcal{D}$，所有$f\in\mathcal{F}$，所有可能的输出$z\in\mathbb{Z}$，以及所有分布$R\in\mathcal{R}$来说，都有

$$\frac{\Pr\limits_{r\leftarrow R}[M(D_1,f;r)=z]}{\Pr\limits_{r\leftarrow R}[M(D_2,f;r)=z]}\leqslant \mathrm{e}^{\xi}$$

与参考文献[38]中采用上界$1+\xi$不同，这里我们使用原来的上界e^{ξ}。一个原因是本章中这种表达形式更方便，由于我们的计算方法(参见4.5节中的引理4.1)与参考文献[38]中的引理A.1的证明方法不同。

注 4.1 这里我们假设作为M输入的随机值r在$\{0,1\}^*$上，即M有可自行支配的可能数目无限的随机位，但对于每个数据库D，查询$f\in\mathcal{F}$，以及固定的输出$z\in$

$\mathscr{Z}$，M 仅需要有限位长 $n(f(D),z)$ 的随机采样点 $r\in\{0,1\}^{n(f(D),z)}$，其中，$n(\cdot,\cdot)$ 是 $f(D)$ 和 z 的函数，以确定 $M(D,f;r)=z$。

定义 4.3　令 $\rho>0$，$\mathscr{R}$ 为源，且 $\mathscr{F}=\{f:\mathscr{D}\rightarrow\mathbb{Z}\}$ 为一个函数族。称机制 M 具有 $(\mathscr{R},\rho)$-效用性(utility)(或准确性)，若对于所有数据库 $D\in\mathscr{D}$，所有查询 $f\in\mathscr{F}$，以及所有分布 $R\in\mathscr{R}$ 来说，都有

$$\mathbb{E}_{r\leftarrow R}[\,|M(D,f;r)-f(D)|\,]\leqslant\rho$$

特别地，总是输出 0 的机制满足 $(\mathscr{R},0)$-差分隐私，但没有实用价值；而输出真实答案的机制有 $(\mathscr{R},0)$-效用性，但不提供隐私性。探索能实现隐私和效用之间良好平衡的机制具有重要的意义。以此为契机，得到以下定义：

定义 4.4　(见参考文献[38])我们说存在针对函数族 $\mathscr{F}$ 的基于 $\mathscr{R}$ 的具有差分隐私性和效用性的机制，若存在函数 $g(\cdot)$，使得对于所有 $\xi>0$ 来说，均存在针对函数族 $\mathscr{F}$ 的具有 $(\mathscr{R},\xi)$-差分隐私和 $(\mathscr{R},g(\xi))$-效用性的机制 $M_{(\xi)}$。称 $\mathscr{M}=\{M_{(\xi)}\}$ 为针对函数族 $\mathscr{F}$ 的基于 $\mathscr{R}$ 的具有差分隐私性和效用性的机制族。

差分隐私领域的一个核心问题是设计兼具差分隐私性和效用性(或准确性)的机制。尽管已有一些基于高斯分布、二项式分布及拉普拉斯分布的无限加法机制，但我们仍需要探讨如何在实际中用有限精度来近似这些机制。当完美随机秘密可获得时，我们可以简单地用一些"足够好的"有限精度来近似一个连续样本，这一思想在许多关于差分隐私的文章中往往被忽略。不幸的是，上述假设在许多情况下是不现实的。事实上，Dodis 等人建立了基于非完美随机源 $\mathscr{SV}(\gamma)$ 的有限精度机制[38]。

定义 4.5　对于查询 $f:\mathscr{D}\rightarrow\mathbb{Z}$ 来说，f 的灵敏度定义为

$$\Gamma_f\overset{\text{def}}{=\!=\!=}\max\{\,\|f(D_1)-f(D_2)\|\ D_1,D_2\in\mathscr{D}\text{ 为相邻数据库}\}$$

对于 $d\in\mathbb{Z}^+$ 来说，记 $\mathscr{F}_d=\{f:\mathscr{D}\rightarrow\mathbb{Z}\mid\Gamma_f\leqslant d\}$。

为清晰起见，本章仅考虑 $d=1$ 的情况。该章结果可直接扩展为灵敏度为 d 的情形。

定义 4.6　均值为 μ，标准差为 $\dfrac{\sqrt{2}}{\varepsilon}$ 的拉普拉斯分布(也称为双指数分布，记为 $\mathrm{Lap}_{\mu,\frac{1}{\varepsilon}}$)的概率密度函数定义为 $\mathrm{PDF}^{\mathrm{Lap}}_{\mu,\frac{1}{\varepsilon}}(x)=\dfrac{\varepsilon}{2}\cdot \mathrm{e}^{-\varepsilon|x-\mu|}$，累积分布函数定义为

$$\mathrm{CDF}^{\mathrm{Lap}}_{\mu,\frac{1}{\varepsilon}}(x)=\frac{1}{2}+\frac{1}{2}\cdot\mathrm{sgn}(x-\mu)\cdot(1-\mathrm{e}^{-\varepsilon\cdot|x-\mu|})$$

本章假设 $\dfrac{1}{\varepsilon}\in\mathbb{Z}^+$，由于若非如此，我们可选取 ε'，该值比 ε 略小一点，使得 $\dfrac{1}{\varepsilon'}\in\mathbb{Z}^+$。

4.3 紧致的BCL-一致采样

Dodis等人引入了SV-一致采样的概念[38]。然而，“由SV-一致采样可推出差分隐私”的证明太复杂(见参考文献[38]中的定理4.4)。另外，若把SV-一致采样自然地推广为BCL源的情形，则我们不知如何实现差分隐私。这是由于当分布取自SV源时，T_2(相应地，T_1)中的值构成了区间，参考文献[38]中的定理4.4的证明依赖于这一事实；而当分布取自BCL源时，T_2(相应地，T_1)中的值却不能保证构成区间。

在该部分，我们引入紧致的(ζ,c,c')-BCL-一致采样性质。然后给出一重要定理，大致内容为从紧致的BCL-一致采样性质可推出差分隐私性。

对于任意数据库$D\in\mathscr{D}$、任意查询$f\in\mathscr{F}$，以及任意可能的输出$z\in\mathscr{Z}$，记$T(D,f,z)\overset{\text{def}}{=\!=}\{r\in\{0,1\}^{n(f(D),z)}\mid z=M(D,f;r)\}$。回顾以下定义：

定义4.7 (见参考文献[38])令$\tilde{c}>1$，且$\tilde{\zeta}>0$。我们说机制M为一个区间机制，若对于所有的$f\in\mathscr{F}$、所有的$D\in\mathscr{D}$，以及所有可能的输出$z\in\mathbb{Z}$来说，$T(D,f,z)$中的值构成一个区间，也就是说，$T(D,f,z)\neq\varnothing$，且集合$\{\text{INT}(r)\mid r\in T(D,f,z)\}$是由连续整数构成的，其中对于$r=r_1r_2\cdots r_n\in\{0,1\}^n$，记$\text{INT}(r)\overset{\text{def}}{=\!=}\sum_{i=1}^{n}r_i\cdot 2^{n-i}$。

假设$D_1,D_2\in\mathscr{D}$是两个相邻数据库，$f\in\mathscr{F}$，且$z\in\mathscr{Z}$。令$n\overset{\text{def}}{=\!=}\max\{n(f(D_1),z),n(f(D_2),z)\}$。记$T_1\overset{\text{def}}{=\!=}\{r\in\{0,1\}^n\mid z=M(D_1,f;r)\}$且$T_2\overset{\text{def}}{=\!=}\{r\in\{0,1\}^n\mid z=M(D_2,f;r)\}$。

$$\text{记}\ u\overset{\text{def}}{=\!=}\text{argmax}\{|u'|\mid u'\in\{0,1\}^{\leqslant n}\ \text{且}\ T_1\cup T_2\subseteq\text{SUFFIX}(u',n)\}$$

其中，$|u'|$表示字符串u'的长度。

称一个区间机制具有$(\tilde{\zeta},\tilde{c})$-SV-一致采样性质，若对于所有的查询$f\in\mathscr{F}$，所有的相邻数据库$D_1,D_2\in\mathscr{D}$，以及所有可能的输出$z\in\mathscr{Z}$(它们定义了上述$T_1$、$T_2$及$u$)来说，均有以下两条性质成立：

$$(1)\ \frac{|T_1\backslash T_2|}{|T_2|}\leqslant\tilde{\zeta};(2)\ \frac{|\text{SUFFIX}(u,n)|}{|T_1\cup T_2|}\leqslant\tilde{c}。$$

值得注意的是，当$b\neq0$时，$\mathscr{BCL}(\delta,b,n)$不能生成所有的$n$-位字符串，因此相应的机制可能不是区间(interval)机制。虽然Dodis等人[38]提出，如果M有$(\tilde{\zeta},\tilde{c})$-SV一致抽样性质，那么$M$具有$(\mathscr{SV}(\delta),\xi)$-差分隐私性(见参考文献[38]中的定理4.4)。在该证明中，“区间”性质是一个关键条件。直观地讲，对于SV源来说，由于T_1(相应地，T_2)中的值构成区间，且$T_1\cap T_2\neq\varnothing$，$T_1\cup T_2$中的值是“紧挨(close together)”的。粗略地说，为了满足基于SV源的差分隐私，数值$|\text{SUFFIX}(u,n)|$应近似等于$|T_1\cup T_2|$。然而，对于BCL源，由于一些值可能没被生成，数值$|T_1\cup T_2|$可能

很小，不能近似等于 $|\mathrm{SUFFIX}(u,n)|$。因此，对于 BCL 源来说，我们不能遵循定义 4.7 的思想。

另外，一方面，参考文献[38]中在构造差分隐私机制时，T_1 中值的位长（为简单起见，记为 n_1）与 T_2 中值的位长（为简单起见，记为 n_2）并不相同；另一方面，参考文献[38]中在证明其差分隐私性和效用性时，T_1 和 T_2 中值的位长均被定义为 $\max\{n_1,n_2\}$。这两处并不一致，亟需更严格的证明。

以上述问题为研究动机，我们提出了一个新的概念，称为紧致的 BCL-一致采样，具体如下：

定义 4.8　假设 c 和 c' 为两个常数，且 $\zeta>0$。令 $D_1,D_2\in\mathcal{D}$ 是两个相邻的数据库，令 $f\in\mathcal{F}$，且 $z\in\mathcal{Z}$ 为一个可能的输出。为简单起见，记 $T_1\overset{\text{def}}{=\!=}T(D_1,f,z)$ 且 $T_2\overset{\text{def}}{=\!=}T(D_2,f,z)$。不失一般性，假定 $f(D_1)=y$ 且 $f(D_2)=y-1$。为简单起见，令 $\tilde{n}\overset{\text{def}}{=\!=}\max\{n(y,z),n(y-1,z)\}$。记 $u\overset{\text{def}}{=\!=}\arg\max\{|u'|\,|\,u'\in\{0,1\}^{\leqslant\tilde{n}}$ 且 $T_1\cup T_2\subseteq\mathrm{SUFFIX}(u',\tilde{n})\}$。

称一个基于 $\mathcal{BCL}(\delta,b)$ 源的机制具有紧致的 (ζ,c,c')-BCL 一致采样性质，若对于所有的相邻数据库 $D_1,D_2\in\mathcal{D}$，$f\in\mathcal{F}$，且 $z\in\mathcal{Z}$，（它们定义了上述的 T_1、T_2 及 u），所有的分布 $R\in\mathcal{BCL}(\delta,b,n(y,z))$，$\widetilde{R}\in\mathcal{BCL}(\delta,b,n(y-1,z))$，$S_0\overset{\text{def}}{=\!=}\{r\in\{0,1\}^{n(y,z)}\,|\,\Pr[R=r]\neq0\}\cup\{\tilde{r}\in\{0,1\}^{n(y-1,z)}\,|\,\Pr[\widetilde{R}=\tilde{r}]\neq0\}$，下面的性质成立：

(1) $\dfrac{|T_1\cap S_0|}{|T_2\cap S_0|}\leqslant\zeta$；

(2) $n(y,z)-|u|\leqslant c$；

(3) $n(y-1,z)-n(y,z)\leqslant c'$。

现在我们证明紧致的 (ζ,c,c')-BCL 一致采样足以实现 $(\mathcal{BCL}(\delta,b),\xi)$-差分隐私性，这里只要 ζ 足够小，则 ξ 可以任意小。事实上，定义 4.8 的定义方式保证了容易证明定理 4.1。

定理 4.1　若对于 (δ,b)-BCL 源来说，机制 M 是具有紧致的 (ζ,c,c')-BCL-一致采样性质的机制，则机制 M 具有 $(\mathrm{BCL}(\delta,b),\xi)$-差分隐私性，这里

$$\xi\leqslant\left(\frac{1+\delta}{1-\delta}\right)^{c}\cdot\left(\frac{2}{1+\delta}\right)^{b}\cdot\left(\frac{2}{1-\delta}\right)^{c'}\cdot\zeta$$

证明　对于任意 $r\in\{0,1\}^{n(y,z)}$ 且 $\tilde{r}\in\{0,1\}^{n(y-1,z)}$ 来说，记 $r=r_1,\cdots,r_{n(y,z)}$ 且 $\tilde{r}=\tilde{r}_1,\cdots,\tilde{r}_{n(y-1,z)}$，这里对于 $i\in[n(y,z)]$，有 $r_i\in\{0,1\}$，对于 $i\in[n(y-1,z)]$，有 $\tilde{r}_i\in\{0,1\}$，则

$$\frac{\Pr\limits_{r\leftarrow\mathrm{BCL}(\delta,b,n(y,z))}[r\in T_1]}{\Pr\limits_{\tilde{r}\leftarrow\mathrm{BCL}(\delta,b,n(y-1,z))}[\tilde{r}\in T_2]}$$

$$=\frac{\sum_{r'\in T_1\cap S_0}\Pr_{r\leftarrow \mathrm{BCL}(\delta,b,n(y,z))}[r=r'\mid r'\in \mathrm{SUFFIX}(u)]}{\sum_{\widetilde{r}'\in T_2\cap S_0}\Pr_{\widetilde{r}\leftarrow \mathrm{BCL}(\delta,b,n(y-1,z))}[\widetilde{r}=\widetilde{r}'\mid \widetilde{r}'\in \mathrm{SUFFIX}(u)]}$$

$$\leqslant\frac{\left[\frac{1}{2}(1+\delta)\right]^{n(y,z)-|u|-b}}{\left[\frac{1}{2}(1-\delta)\right]^{n(y-1,z)-|u|}}\cdot\frac{|T_1\cap S_0|}{|T_2\cap S_0|}$$

$$\leqslant\left(\frac{1+\delta}{1-\delta}\right)^{n(y,z)-|u|}\cdot\left(\frac{1+\delta}{2}\right)^{-b}\cdot\left(\frac{2}{1-\delta}\right)^{n(y-1,z)-n(y,z)}\cdot\zeta$$

$$\leqslant\left(\frac{1+\delta}{1-\delta}\right)^{c}\cdot\left(\frac{2}{1+\delta}\right)^{b}\cdot\left(\frac{2}{1-\delta}\right)^{c'}\cdot\zeta$$

因此得证。

注 4.2 当 $b=0$ 时，定理 4.1 对于 SV 源成立，而参考文献[38]中的定理 4.4 不能被自然地推广到 BCL 源中，主要是由于 BCL 源并不满足参考文献[38]中的定理 4.4 的"连续串(consecutive trings)"这一必要条件。另外，这里的证明相对于参考文献[38]中的证明要简单、直观很多。

4.4 基于 BCL 源的差分隐私机制

本部分给出一些符号，接着给出基于 BCL 源的具有差分隐私性和效用性(或准确性)的有限精度机制的明确的构造方法。这里的无限精度差分隐私机制的构造可以看作是对参考文献[38]中相应机制的构造的推广。在有限精度差分隐私机制的设计中，提出了一种新的截断技术。

4.4.1 一些符号

假设 a 为一个正常数。对于任意 $u\in\mathbb{Z}$，$x\in\mathbb{Z}$，$z\in\mathscr{Z}$，记 $s(u,x)\overset{\mathrm{def}}{=\!=}\mathrm{CDF}^{\mathrm{Lap}}_{u,\frac{1}{\varepsilon}}(x)$，$I(u,z)\overset{\mathrm{def}}{=\!=}[s(u,z-a),s(u,z+a))$，且 $I'(u,z)\overset{\mathrm{def}}{=\!=}I(u,z)\backslash I(u-1,z)=[s(u,z-a),s(u-1,z-a))$①。

① 值得注意的是，符号 $s(u,x)$、$I(u,z)$ 及 $I'(u,z)$ 与参考文献[38]中的不同，那里对于所有整数 $u,k\in\mathbb{Z}$ 来说，$s_u(k)\overset{\mathrm{def}}{=\!=}\mathrm{CDF}^{\mathrm{Lap}}_{u,\frac{1}{\widetilde{\varepsilon}}}\left(\frac{k+\frac{1}{2}}{\widetilde{\varepsilon}}\right)$，$I_u(k)\overset{\mathrm{def}}{=\!=}[s_u(k-1),s_u(k)]$，且 $I'_u(k)\overset{\mathrm{def}}{=\!=}I_u(k)\backslash I_{u-1}(k)=[s_u(k-1),s_{u-1}(k-1)]$。

4.4.2　差分隐私机制的明确的构造方法

下面我们阐述具有差分隐私性和效用性(或准确性)的差分隐私机制设计的动机和主要思想。然后,我们给出无限精度差分隐私机制(称为 $M_{\varepsilon}^{\mathrm{CBCLCS}}$)的明确的构造方法,并将其修改为有限精度差分隐私机制,记为 $\bar{M}_{\varepsilon}^{\mathrm{CBCLCS}}$。

回顾参考文献[38],如果 $T_1\cap T_2=\varnothing$,那么根据参考文献[38]的分析, $\Pr\limits_{r\leftarrow \mathrm{SV}(\delta)}[r\in T_1]/\Pr\limits_{r\leftarrow \mathrm{SV}(\delta)}[r\in T_2]\geqslant 1+\delta$。因此,为了避免较大的下界,$T_1$ 和 T_2 的交集应不为空集。进一步,为了满足"一致采样",T_1 和 T_2 的交集应该很大。在参考文献[38]中,一个无限精度的 $M_{\varepsilon}^{\mathrm{SVCS}}$ 是通过计算 $y\xlongequal{\mathrm{def}}f(D)$并输出 $z\leftarrow\frac{1}{\varepsilon}\cdot\lfloor\varepsilon\cdot(y+\mathrm{Lap}_{0,\frac{1}{\varepsilon}})\rceil$来设计的。我们发现到它只是满足"$|T_1\cap T_2|$很大"的一种特殊情况。针对这一发现和事实"只要 $a>0$,就有$\{r|z-a\leqslant y+r<z+a\}\cap\{r|z-a\leqslant y-1+r<z+a\}\neq\varnothing$(即 $T_1\cap T_2\neq\varnothing$)",我们来设计无限精度差分隐私机制(见下面的步骤 1)。$\Big($事实上,当 $a=\frac{1}{2\varepsilon}$时,这里的无限精度的差分隐私机制在退化成参考文献[38]的相应差分隐私机制,且 $\mathscr{Z}=\left\{\frac{k}{\varepsilon}\middle|k\in\mathbb{Z}\right\}$。$\Big)$

截断法是将无穷精度差分隐私机制修改为有限精度差分隐私机制时的重要方法。回顾参考文献[38]中利用了某种截断技术以获得有限精度差分隐私机制,该技术为 SV-一致采样概念的提出提供了灵感。但是,我们无法将其移植到 BCL 源中,这是由于参考文献[38]中 T_1 和 T_2 中值的连续性是构造该差分隐私机制的一个非常重要的条件,而 BCL 源不满足这一条件。此外,在参考文献[38]中,一方面,对于任意 $y,k\in\mathbb{Z}$,区间 $I_y(k)$中的每一个点被近似到它的 $\log\left(\frac{1}{|I'_y(k)|}\right)+3$ 位最重要的数字;另一方面,$\frac{|T_1\setminus T_2|}{|T_2|}=\frac{|\mathrm{STR}(\bar{I}'_y(k),n)|}{|\mathrm{STR}(\bar{I}_{y-1}(k),n)|}$是基于相同的截断数值来计算的。它们彼此不一致。因此,差分隐私机制的构造和相应的证明不够合理。以这些问题为研究动机,我们引入一种新的截断技术,详见下面的步骤 2。

差分隐私机制的明确的构造方法如下:

步骤 1　设 a 为一个固定的大整数,其中 $a\geqslant\frac{1}{2\varepsilon}$。令 $\mathscr{Z}\xlongequal{\mathrm{def}}\{2ak\,|\,k\in\mathbb{Z}\}$。输入数据库 $D\in\mathscr{D}$,$f\in\mathscr{F}$,$M_{\varepsilon}^{\mathrm{CBCLCS}}$,计算 $y\xlongequal{\mathrm{def}}f(D)$和 $\eta\xlongequal{\mathrm{def}}y+\mathrm{Lap}_{0,\frac{1}{\varepsilon}}$。如果 $\eta\in[z-a,z+a)$,其中 $z\in\mathscr{Z}$,则输出 z。相应地,$\Pr[M_{\varepsilon}^{\mathrm{CBCLCS}}(D,f)=z]=\Pr[z-a\leqslant y+\mathrm{Lap}_{0,\frac{1}{\varepsilon}}<z+a]$。令 Z_y 表示 $M_{\varepsilon}^{\mathrm{CBCLCS}}(D,f)$的输出分布。

步骤 2 假设 $\alpha>3$ 为常数。设 $\zeta\geqslant\frac{2^{b+1}\alpha}{\alpha-3}$ 为另一个常数。对于任意 $u\in\mathbb{Z}$, $z\in\mathscr{Z}$ 来说,选择一个正整数 $n(u,z)\in\left[\log\frac{\frac{2^b\alpha}{\zeta}+1}{|I(u,z)|},\log\frac{\alpha-1}{|I(u,z)|}\right]$。(特别地,对于任意 $u\in\mathbb{Z}$, $z\in\mathscr{Z}$,令 $n(u,z)\overset{\text{def}}{=\!=}\left\lceil\log\frac{\frac{2^b\alpha}{\zeta}+1}{|I(u,z)|}\right\rceil$,其中 $\alpha\overset{\text{def}}{=\!=}3\mathrm{e}^{\varepsilon}$ 且 $\zeta\overset{\text{def}}{=\!=}\frac{2^{b+1}\cdot\mathrm{e}^{\varepsilon}}{\mathrm{e}^{\varepsilon}-1}$。)令 $\bar{s}(y,z-a)$(相应地,$\bar{s}(y,z+a)$)为 $s(y,z-a)$(相应地,$s(y,z+a)$)舍入到二进制小数点后的 $n(y,z)$ 位。记 $\bar{I}(y,z)=[\bar{s}(y,z-a),\bar{s}(y,z+a)]$。

步骤 3 令 $\bar{Z}_y$ 表示 $\bar{M}_{\varepsilon}^{\text{CBCLCS}}(D,f)$ 的输出分布,该分布来近似 Z_y。我们以下面的方式得到分布 $\bar{Z}_y$。从分布 $\text{BCL}(\delta,b,n(y,z))$ 中取样一个位序列 $r\in\{0,1\}^{n(y,z)}$ 并输出 z,其中 $z\in\mathscr{Z}$ 是满足 $\text{REAL}(r)\in\bar{I}(y,z)$ 的唯一整数。

很容易证明 $I(y-1,z)\cap I(y,z)\neq\varnothing$。对于固定的 $u\in\mathbb{Z}$ 来说,点集合 $\{s(u,Z+a)\}_{Z\in\mathscr{Z}}$ 将区间 $[0,1]$ 划分为无限多个区间 $\{I(u,Z)\overset{\text{def}}{=\!=}[s(u,Z-a),s(u,Z+a)]\}_{Z\in\mathscr{Z}}$。

由上述构造可得,对于任意 $z\in\mathscr{Z}$,以及任意的相邻数据库 D_1、D_2,其中 $f(D_1)=y$ 且 $f(D_2)=y-1$,可得

$$\frac{\Pr[\bar{M}_{\varepsilon}^{\text{CBCLCS}}(D_1,f)=z]}{\Pr[\bar{M}_{\varepsilon}^{\text{CBCLCS}}(D_2,f)=z]}=\frac{\Pr[\bar{Z}_y=z]}{\Pr[\bar{Z}_{y-1}=z]}$$

注 4.3 事实上,对于任意固定的 $y\in\mathbb{Z}$,为满足,且对于 $y+\text{Lap}_{0,\frac{1}{\varepsilon}}$ 的任意可能的值,在 $\mathscr{Z}$ 中仅有一个值,且 $\sum_{z\in\mathscr{Z}}\Pr\left[z-a\leqslant y+\text{Lap}_{0,\frac{1}{\varepsilon}}<z+a\right]=1$,可将 $\mathscr{Z}$ 定义为 $\mathscr{Z}\overset{\text{def}}{=\!=}\{x_0+2ak\mid k\in\mathbb{Z}\}$,其中 $x_0\in\mathbb{Z}$ 为一个固定的参数。为简单起见,仅考虑 $x_0=0$ 的情形。

注 4.4 步骤 2 中 $n(u,z)$ 的选择需满足以下要求:对 $I(u,z)$ 中关于 $n(u,z)$ 的端点的舍入既不会导致区间的"消失",也不会导致相邻区间的"重叠"(见 4.5 节)。

4.5 关于明确构造的机制的具体结果及其分析

在本节中,我们证明上一节中构造的机制关于 BCL 源和均匀随机源满足"足够好"的差分隐私性和效用性。

4.5.1 关于明确构造的机制的差分隐私结果及其分析

本小节首先给出关于差分隐私的主要定理,并简述其证明的思想框架。然后通

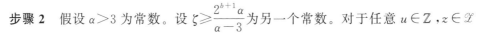

过提出并证明两个引理和三个命题来给出具体的底层证明。

这部分的主要定理如下：

定理 4.2　4.4.2 小节中的关于(δ,b)-BCL 源的 $\bar{M}_{\varepsilon}^{\text{CBCLCS}}$ 是一个满足紧致的(ζ,c,c')-BCL-一致采样性质的机制，这里

$$c=\log\left[\frac{\mathrm{e}^{\varepsilon}\cdot(\mathrm{e}^{\varepsilon}-1)\cdot(\alpha-1)}{\left(1-\frac{1}{\mathrm{e}}\right)\cdot\varepsilon}+1\right],\quad c'=\log\frac{(\alpha-1)\cdot\mathrm{e}^{\varepsilon}}{\frac{2^{b}\alpha}{\zeta}+1}$$

相应地，$\bar{M}_{\varepsilon}^{\text{CBCLCS}}$ 满足$\left(\mathscr{U},\frac{(\alpha-1)\cdot\mathrm{e}^{\varepsilon}}{\frac{\alpha}{\zeta}+1}\cdot\zeta\right)$-差分隐私性和$(\mathscr{BCL}(\delta,b),\xi)$-差分隐私性，其中

$$\xi=\left(\frac{1+\delta}{1-\delta}\right)^{\log\left[\frac{\mathrm{e}^{\varepsilon}\cdot(\mathrm{e}^{\varepsilon}-1)\cdot(\alpha-1)}{\left(1-\frac{1}{\mathrm{e}}\right)\cdot\varepsilon}+1\right]}\cdot\left(\frac{2}{1-\delta}\right)^{\log\frac{(\alpha-1)\cdot\mathrm{e}^{\varepsilon}}{\frac{2^{b}\alpha}{\zeta}+1}}\cdot\frac{2b\cdot\zeta}{(1+\delta)^{b}}$$

特别地，对于任意意 $u\in\mathbb{Z}$，$z\in\mathscr{X}$，令 $n(u,z)\xlongequal{\text{def}}\left\lceil\log\frac{\frac{2^{b}\alpha}{\zeta}+1}{|I(u,z)|}\right\rceil$，这里 $\alpha\xlongequal{\text{def}}3\mathrm{e}^{\varepsilon}$ 且 $\zeta\xlongequal{\text{def}}\frac{2^{b+1}\cdot\mathrm{e}^{\varepsilon}}{\mathrm{e}^{\varepsilon}-1}$，关于$(\delta,b)$-BCL 源的 $\bar{M}_{\varepsilon}^{\text{CBCLCS}}$ 是一个具有紧致的$\left(\frac{2^{b+1}\cdot\mathrm{e}^{\varepsilon}}{\mathrm{e}^{\varepsilon}-1},c,\log(2\mathrm{e}^{\varepsilon})\right)$-BCL-一致采样性质的机制，其中

$$c=\log\left[\frac{\mathrm{e}^{\varepsilon+1}\cdot(3\mathrm{e}^{\varepsilon}-1)\cdot(\mathrm{e}^{\varepsilon}-1)}{\varepsilon\cdot(\mathrm{e}-1)}+1\right]$$

相应地，$\bar{M}_{\varepsilon}^{\text{CBCLCS}}$ 满足$\left(\mathscr{U},\frac{4\mathrm{e}^{2\varepsilon}}{\mathrm{e}^{\varepsilon}-1}\right)$-差分隐私性和$(\mathscr{BCL}(\delta,b),\xi)$-差分隐私性，这里

$$\xi=\left(\frac{1+\delta}{1-\delta}\right)^{\log\left[\frac{\mathrm{e}^{\varepsilon+1}\cdot(3\mathrm{e}^{\varepsilon}-1)\cdot(\mathrm{e}^{\varepsilon}-1)}{\varepsilon\cdot(\mathrm{e}-1)}+1\right]}\cdot\left(\frac{2}{1+\delta}\right)^{b}\cdot\left(\frac{2}{1-\delta}\right)^{\log(2\mathrm{e}^{\varepsilon})}\cdot\left(\frac{2^{b+1}\cdot\mathrm{e}^{\varepsilon}}{\mathrm{e}^{\varepsilon}-1}\right)$$

证明的思想框架如下：

首先我们给出两个引理。在此基础上，我们证明 4.4.2 小节中明确构造的机制满足紧致的(ζ,c,c')-BCL-一致采样性质，因此该机制在某些参数下满足差分隐私性。更具体地说，对于任意 $y\in\mathbb{Z}$，$z\in\mathscr{X}$，我们证明

(1) $\frac{|\text{STR}(\bar{I}(y,z),n(y,z))\cap S_0|}{|\text{STR}(\bar{I}(y-1,z),n(y-1,z))\cap S_0|}\leqslant\zeta$（见下面的命题 4.1）。

(2) $|\text{SUFFIX}(u,n(y,z))|\leqslant c$，其中 u 是 $\bar{I}\xlongequal{\text{def}}\bar{I}(y,z)\cup\bar{I}(y-1,z)$ 中所有字串的最长的公共前缀（见下面的命题 4.2）。

(3) 基于该章提出的截断方法，有 $n(y-1,z)-n(y,z)\leqslant c'$(见下面的命题 4.3)。

令 $T_1=\mathrm{STR}(\bar{I}(y,z),n(y,z))$ 且 $T_2=\mathrm{STR}(\bar{I}(y-1,z),n(y-1,z))$。将上述结果与定理 4.1 相结合，得证。

证明 现在我们给出一个关于$\frac{|I(y,z)|}{|I(y-1,z)|}$的界的引理，与参考文献[38]中关于$\frac{|I'(y,z)|}{|I(y-1,z)|}$界的引理不同，这里的证明比参考文献[38]中的技巧性更强，也要简短许多。

引理 4.1 对于任意 $y\in\mathbb{Z}$，$z\in\mathscr{Z}$，有

$$\mathrm{e}^{-\varepsilon}\leqslant\frac{|I(y,z)|}{|I(y-1,z)|}\leqslant\mathrm{e}^{\varepsilon}$$

证明 由拉普拉斯分布的概率密度函数的定义，易得对于任意实数 t，有下式成立(见参考文献[39])：

$$\mathrm{e}^{-\varepsilon}\leqslant\frac{\Pr[y+\mathrm{Lap}_{y,\frac{1}{\varepsilon}}=t]}{\Pr[y+\mathrm{Lap}_{y-1,\frac{1}{\varepsilon}}=t]}\leqslant\mathrm{e}^{\varepsilon}$$

因此，$\mathrm{e}^{-\varepsilon}\Pr[z-a\leqslant y+\mathrm{Lap}_{y-1,\frac{1}{\varepsilon}}<z+a]\leqslant\Pr[z-a\leqslant y+\mathrm{Lap}_{y,\frac{1}{\varepsilon}}<z+a]\leqslant\mathrm{e}^{\varepsilon}\Pr[z-a\leqslant y+\mathrm{Lap}_{y-1,\frac{1}{\varepsilon}}<z+a]$。

因此，

$$\mathrm{e}^{-\varepsilon}\leqslant\frac{\Pr[z-a\leqslant y+\mathrm{Lap}_{y,\frac{1}{\varepsilon}}<z+a]}{\Pr[z-a\leqslant y+\mathrm{Lap}_{y-1,\frac{1}{\varepsilon}}<z+a]}\leqslant\mathrm{e}^{\varepsilon}$$

得证。

值得注意的是，在参考文献[38]中，$\frac{|I'(y,z)|}{|I(y-1,z)|}\leqslant 6\tilde{\varepsilon}$ 是利用拉普拉斯分布的累积分布函数的概念证明的。证明很耗时，因为该参考文献中讨论了四种情况。这里我们改为讨论$\frac{|I(y,z)|}{|I(y-1,z)|}$的上界。与使用参考文献[38]中的证明技术不同，这里我们通过改变定义 4.2 中的不等式形式来利用一个不等式的可加性。因此，我们的证明相比参考文献[38]的证明技巧性更强，也更简短。

现在我们证明，对于任意 $u\in\mathbb{Z}$，$z\in\mathscr{Z}$，对 $I(u,Z)$ 的端点进行舍入不会将 $I(u,Z)$ 的大小改变很多。

引理 4.2 对于任意 $u\in\mathbb{Z}$，$z\in\mathscr{Z}$ 来说，有

$$|I(u,z)|-2^{-n(u,z)}\leqslant|\bar{I}(u,z)|\leqslant|I(u,z)|+2^{-n(u,z)}$$

证明 由 $\bar{s}(u,z+a)\geqslant s(u,z+a)-2^{-n(u,z)}$ 和 $\bar{s}(u,z-a)\leqslant s(u,z-a)$ 可得，$|\bar{I}(u,z)|\geqslant|I(u,z)|-2^{-n(u,z)}$ 成立。另外，由 $s(u,z+a)\geqslant\bar{s}(u,z+a)$ 和 $s(u,z-$

$a)\leqslant\bar{s}(u,z-a)+2^{-n(u,z)}$可得，$|I(u,z)|+2^{-n(u,z)}\geqslant|\bar{I}(u,z)|$成立。将上述结论项结合，得证。

对于任意 $u\in\mathbb{Z}$，$z\in\mathscr{Z}$来说，考虑区间$\left[\log\dfrac{\frac{2^b\alpha}{\zeta}+1}{|I(u,z)|},\log\dfrac{\alpha-1}{|I(u,z)|}\right]$，易知，$\log\dfrac{\frac{2^b\alpha}{\zeta}+1}{|I(u,z)|}>0$。为保证在$\left[\log\dfrac{\frac{2^b\alpha}{\zeta}+1}{|I(u,z)|},\log\dfrac{\alpha-1}{|I(u,z)|}\right]$中存在至少一个正整数，假设$\log\dfrac{\alpha-1}{|I(u,z)|}-\log\dfrac{\frac{2^b\alpha}{\zeta}+1}{|I(u,z)|}\geqslant 1$。也就是说，$\zeta\geqslant\dfrac{2^{b+1}\alpha}{\alpha-3}$，其中 $\alpha>3$。在下面的三个命题中，我们将通用该假设。事实上，截断数值 $n(u,z)$的选择是由紧致的BCL-一致采样概念和无限精度机制的明确的构造方法导出的。

命题 4.1　假设 $\alpha>3$ 为一个常数。令 $\zeta\geqslant\dfrac{2^{b+1}\alpha}{\alpha-3}$为另一个常数。对于任意 $u\in\mathbb{Z}$，$z\in\mathscr{Z}$来说，选择一个正整数 $n(u,z)\in\left[\log\dfrac{\frac{2^b\alpha}{\zeta}+1}{|I(u,z)|},\log\dfrac{\alpha-1}{|I(u,z)|}\right]$，则对于任意 $y\in\mathbb{Z}$，$z\in\mathscr{Z}$，$R\in\mathscr{BCL}(\delta,b,n(y,z))$，以及 $\widetilde{R}\in\mathscr{BCL}(\delta,b,n(y-1,z))$，$S_0\xlongequal{\text{def}}\{r\in\{0,1\}^{n(y,z)}\mid\Pr[R=r]\neq 0\}\cup\{\tilde{r}\in\{0,1\}^{n(y-1,z)}\mid\Pr[\widetilde{R}=\tilde{r}]\neq 0\}$，4.4.2 小节中的 $\bar{M}_\varepsilon^{\text{CBCLCS}}$ 有下列性质：

$$\frac{|\operatorname{STR}(\bar{I}(y,z),n(y,z))\cap S_0|}{|\operatorname{STR}(\bar{I}(y-1,z),n(y-1,z))\cap S_0|}\leqslant\zeta$$

特别地，对于任意 $u\in\mathbb{Z}$，$z\in\mathscr{Z}$来说，令 $n(u,z)\xlongequal{\text{def}}\left\lceil\log\dfrac{\frac{2^b\alpha}{\zeta}+1}{|I(u,z)|}\right\rceil$，这里 $\alpha\xlongequal{\text{def}}3\mathrm{e}^\varepsilon$ 且 $\zeta\xlongequal{\text{def}}\dfrac{2^{b+1}\cdot\mathrm{e}^\varepsilon}{\mathrm{e}^\varepsilon-1}$，则对于任意 $y\in\mathbb{Z}$，$z\in\mathscr{Z}$来说，有

$$\frac{|\operatorname{STR}(\bar{I}(y,z),n(y,z))\cap S_0|}{|\operatorname{STR}(\bar{I}(y-1,z),n(y-1,z))\cap S_0|}\leqslant\frac{2^{b+1}\cdot\mathrm{e}^\varepsilon}{\mathrm{e}^\varepsilon-1}$$

证明　对于任意 $u\in\mathbb{Z}$，$z\in\mathscr{Z}$来说，$\bar{I}(u,z)$可看成从 $U_{n(u,z)}$ 中采样 r(满足 $r\in\operatorname{STR}(\bar{I}(u,z),n(u,z))\cap S_0$)所得的概率。利用归纳法易得，对于任意 $y\in\mathbb{Z}$，$z\in\mathscr{Z}$来说，$2^{n(y,z)-b}\leqslant|S_0\cap\{0,1\}^{n(y,z)}|\leqslant 2^{n(y,z)}$且 $2^{n(y-1,z)-b}\leqslant|S_0\cap\{0,1\}^{n(y-1,z)}|\leqslant 2^{n(y-1,z)}$。

因此，

$$|\bar{I}(y,z)|=\sum_{r\in \mathrm{STR}(\bar{I}(y,z),n(y,z))\cap S_0}\frac{1}{2^{n(y,z)}}$$

$$|\bar{I}(y-1,z)|=\sum_{r\in \mathrm{STR}(\bar{I}(y-1,z),n(y-1,z))\cap S_0}\frac{1}{2^{n(y-1,z)}}$$

$$\leqslant\sum_{r\in \mathrm{STR}(\bar{I}(y-1,z),n(y-1,z))\cap S_0}\left(\frac{1}{2}\right)^{n(y-1,z)-b}$$

因此，由引理 4.1 和引理 4.2，可得

$$\begin{aligned}&|\mathrm{STR}(\bar{I}(y,z),n(y,z))\cap S_0|\\ &\leqslant 2^{n(y,z)}\cdot|\bar{I}(y,z)|\\ &\leqslant 2^{n(y,z)}\cdot[|I(y,z)|+2^{-n(y,z)}]\\ &=2^{n(y,z)}\cdot|I(y,z)|+1\end{aligned}$$

$$\begin{aligned}&|\mathrm{STR}(\bar{I}(y-1,z),n(y-1,z))\cap S_0|\\ &\geqslant 2^{n(y-1,z)-b}\cdot|\bar{I}(y-1,z)|\\ &\geqslant 2^{n(y-1,z)-b}\cdot[|I(y-1,z)|-2^{-n(y-1,z)}]\\ &=2^{n(y-1,z)-b}\cdot|I(y-1,z)|-2^{-b}\end{aligned}$$

因此

$$\frac{|\mathrm{STR}(\bar{I}(y,z),n(y,z))\cap S_0|}{|\mathrm{STR}(\bar{I}(y-1,z),n(y-1,z))\cap S_0|}\leqslant\frac{2^{n(y,z)}\cdot|I(y,z)|+1}{2^{n(y-1,z)-b}\cdot|I(y-1,z)|-2^{-b}}$$

由于对于任意 $u\in\mathbb{Z}$，$z\in\mathscr{Z}$ 来说，$\log\dfrac{\frac{2^b\alpha}{\zeta}+1}{|I(u,z)|}\leqslant n(u,z)\leqslant\log\dfrac{\alpha-1}{|I(u,z)|}$，可得

$$2^{n(y-1,z)-b}\cdot|I(y-1,z)|-2^{-b}\geqslant\frac{\alpha}{\zeta},\quad 2^{n(y,z)}\cdot|I(y,z)|+1\leqslant\alpha$$

相应地，

$$\frac{|\mathrm{STR}(\bar{I}(y,z),n(y,z))\cap S_0|}{|\mathrm{STR}(\bar{I}(y-1,z),n(y-1,z))\cap S_0|}\leqslant\zeta$$

特别地，对于任意 $u\in\mathbb{Z}$，$z\in\mathscr{Z}$ 来说，令 $n(u,z)\overset{\text{def}}{=\!=}\left\lceil\log\dfrac{\frac{2^b\alpha}{\zeta}+1}{|I(u,z)|}\right\rceil$，这里 $\alpha\overset{\text{def}}{=\!=}3\mathrm{e}^{\varepsilon}$ 且 $\zeta\overset{\text{def}}{=\!=}\dfrac{2^{b+1}\cdot\mathrm{e}^{\varepsilon}}{\mathrm{e}^{\varepsilon}-1}$，则有

$$\frac{|\mathrm{STR}(\bar{I}(y,z),n(y,z))\cap S_0|}{|\mathrm{STR}(\bar{I}(y-1,z),n(y-1,z))\cap S_0|}\leqslant\frac{2^{b+1}\cdot \mathrm{e}^{\varepsilon}}{\mathrm{e}^{\varepsilon}-1}$$

命题 4.2　对于任意 $y\in\mathbb{Z}$，$z\in\mathscr{Z}$ 来说，令 u 为 $\bar{I}\xlongequal{\text{def}}\bar{I}(y,z)\cup\bar{I}(y-1,z)$ 中所有字符串的最长的公共前缀。假设 $\alpha>3$ 是一个常数。令 $\zeta\geqslant\dfrac{2^{b+1}\alpha}{\alpha-3}$ 为另一常数。对于任意 $u\in\mathbb{Z}$，$z\in\mathscr{Z}$ 来说，选择正整数 $n(u,z)\in\left[\log\dfrac{\frac{2^b\alpha}{\zeta}+1}{|I(u,z)|},\log\dfrac{\alpha-1}{|I(u,z)|}\right]$，则对于任意 $y\in\mathbb{Z}$，$z\in\mathscr{Z}$ 来说，4.4.2 小节中的 $\bar{M}_{\varepsilon}^{\text{CBCLCS}}$ 有以下性质：

$$|\mathrm{SUFFIX}(u,n(y,z))|\leqslant(\mathrm{e}^{\varepsilon}-1)\cdot\frac{\alpha-1}{\left(1-\frac{1}{\mathrm{e}}\right)\cdot\varepsilon}+1$$

特别地，对于任意 $u\in\mathbb{Z}$，$z\in\mathscr{Z}$ 来说，令 $n(u,z)\xlongequal{\text{def}}\left\lceil\log\dfrac{\frac{2^b\alpha}{\zeta}+1}{|I(u,z)|}\right\rceil$，这里 $\alpha\xlongequal{\text{def}}3\mathrm{e}^{\varepsilon}$ 且 $\zeta\xlongequal{\text{def}}\dfrac{2^{b+1}\cdot\mathrm{e}^{\varepsilon}}{\mathrm{e}^{\varepsilon}-1}$，则对于任意 $y\in\mathbb{Z}$，$z\in\mathscr{Z}$ 来说，有

$$|\mathrm{SUFFIX}(u,n(y,z))|\leqslant\frac{\mathrm{e}^{\varepsilon+1}\cdot(3\mathrm{e}^{\varepsilon}-1)\cdot(\mathrm{e}^{\varepsilon}-1)}{\varepsilon\cdot(\mathrm{e}-1)}+1$$

证明　令 u' 为 $I\xlongequal{\text{def}}I(y,z)\cup I(y-1,z)$ 中所有字符串的最长的公共前缀，则有 $|\mathrm{SUFFIX}(u,n)|\leqslant|\mathrm{SUFFIX}(u',n)|$ 成立。我们通过限定 $\bar{I}$ 的左边或右边的 n-位字符串的数量(取决于 $\bar{I}(y,z)$ 和 $\bar{I}(y,z)$ 在区间 $[0,1]$ 中的位置)来限定 $|\mathrm{SUFFIX}(u,n)|$ 的界。

现在我们计算区间 $[s(y,z-a),1]$(相应地，$[0,s(y-1,z+a)]$)的大小，这是 $[\bar{s}(y,z-a),1]$(相应地，$[0,\bar{s}(y-1,z+a)]$)的大小的近似。然后我们可得区间 $[\bar{s}(y,z-a),1]$(相应地，$[0,\bar{s}(y-1,z+a)]$)中 n-位字符串的个数的上界。令 $S\xlongequal{\text{def}}[s(y,z-a),1]$。

回顾：对于任意 $u\in\mathbb{Z}$，$x\in\mathbb{Z}$，以及 $z\in\mathscr{Z}$，有 $I'(u,z)\xlongequal{\text{def}}I(u,z)\backslash I(u-1,z)=[s(u,z-a),s(u-1,z-a))$ 和 $s(u,x)\xlongequal{\text{def}}\mathrm{CDF}_{u,\frac{1}{\varepsilon}}^{\text{Lap}}(x)$，这里

$$\mathrm{CDF}_{u,\frac{1}{\varepsilon}}^{\text{Lap}}(x)=\begin{cases}\dfrac{1}{2}\cdot\mathrm{e}^{\varepsilon(x-u)}, & \text{若 } x<u\\[2ex] 1-\dfrac{1}{2}\cdot\mathrm{e}^{-\varepsilon(x-u)}, & \text{若 } x\geqslant u\end{cases}$$

值得注意的是，若 $x<u$，则 $\mathrm{CDF}^{\mathrm{Lap}}_{u,\frac{1}{\varepsilon}}(x)<\frac{1}{2}$；否则 $\mathrm{CDF}^{\mathrm{Lap}}_{u,\frac{1}{\varepsilon}}(x)\geqslant\frac{1}{2}$。

为简单起见，记 $v \overset{\text{def}}{=\!=\!=} z-a-y$。考虑四种情形。

情形 1：假设 $\frac{1}{2}\leqslant s(y+1,z-a)<s(y,z-a)<s(y-1,z-a)$，则 $v\geqslant 1$。

$$\frac{|I'(y,z)|}{|I'(y+1,z)|}=\frac{1-\frac{1}{2}\cdot \mathrm{e}^{-\varepsilon[z-a-(y-1)]}-1+\frac{1}{2}\cdot \mathrm{e}^{-\varepsilon(z-a-y)}}{1-\frac{1}{2}\cdot \mathrm{e}^{-\varepsilon(z-a-y)}-1+\frac{1}{2}\cdot \mathrm{e}^{-\varepsilon[z-a-(y+1)]}}$$

$$=\frac{-\frac{1}{2}\cdot \mathrm{e}^{-\varepsilon(v+1)}+\frac{1}{2}\cdot \mathrm{e}^{-\varepsilon v}}{-\frac{1}{2}\cdot \mathrm{e}^{-\varepsilon v}+\frac{1}{2}\cdot \mathrm{e}^{-\varepsilon(v-1)}}=\frac{1}{\mathrm{e}^{\varepsilon}}$$

情形 2：假设 $s(y+1,z-a)<s(y,z-a)<s(y-1,z-a)<\frac{1}{2}$，则 $v<-1$。

$$\frac{|I'(y,z)|}{|I'(y+1,z)|}=\frac{\frac{1}{2}\cdot \mathrm{e}^{\varepsilon[z-a-(y-1)]}-\frac{1}{2}\cdot \mathrm{e}^{\varepsilon(z-a-y)}}{\frac{1}{2}\cdot \mathrm{e}^{\varepsilon(z-a-y)}-\frac{1}{2}\cdot \mathrm{e}^{\varepsilon[z-a-(y+1)]}}$$

$$=\frac{\frac{1}{2}\cdot \mathrm{e}^{\varepsilon(v+1)}-\frac{1}{2}\cdot \mathrm{e}^{\varepsilon v}}{\frac{1}{2}\cdot \mathrm{e}^{\varepsilon v}-\frac{1}{2}\cdot \mathrm{e}^{\varepsilon(v-1)}}=\mathrm{e}^{\varepsilon}$$

情形 3：假设 $s(y+1,z-a)<\frac{1}{2}\leqslant s(y,z-a)<s(y-1,z-a)$，则 $0\leqslant v<1$。

$$\frac{|I'(y,z)|}{|I'(y+1,z)|}=\frac{1-\frac{1}{2}\cdot \mathrm{e}^{-\varepsilon[z-a-(y-1)]}-1+\frac{1}{2}\cdot \mathrm{e}^{-\varepsilon(z-a-y)}}{1-\frac{1}{2}\cdot \mathrm{e}^{-\varepsilon(z-a-y)}-\frac{1}{2}\cdot \mathrm{e}^{\varepsilon[z-a-(y+1)]}}$$

$$=\frac{1-\frac{1}{2}\cdot \mathrm{e}^{-\varepsilon(v+1)}-1+\frac{1}{2}\cdot \mathrm{e}^{-\varepsilon v}}{1-\frac{1}{2}\cdot \mathrm{e}^{-\varepsilon v}-\frac{1}{2}\cdot \mathrm{e}^{\varepsilon(v-1)}}$$

$$=\frac{1-\mathrm{e}^{-\varepsilon}}{-\mathrm{e}^{-\varepsilon}(\mathrm{e}^{\varepsilon v}-\mathrm{e}^{\varepsilon})^2+\mathrm{e}^{\varepsilon}-1}$$

可得
$$\frac{1}{\mathrm{e}^{\varepsilon}}<\frac{|I'(y,z)|}{|I'(y+1,z)|}\leqslant 1$$

情形 4：假设 $s(y+1,z-a)<s(y,z-a)<\frac{1}{2}\leqslant s(y-1,z-a)$，则 $-1\leqslant v<0$。

$$\frac{|I'(y,z)|}{|I'(y+1,z)|}=\frac{1-\frac{1}{2}\cdot e^{-\varepsilon[z-a-(y-1)]}-\frac{1}{2}\cdot e^{\varepsilon(z-a-y)}}{\frac{1}{2}\cdot e^{\varepsilon(z-a-y)}-\frac{1}{2}\cdot e^{\varepsilon[z-a-(y+1)]}}$$

$$=\frac{1-\frac{1}{2}\cdot e^{-\varepsilon(v+1)}-\frac{1}{2}\cdot e^{\varepsilon v}}{\frac{1}{2}\cdot e^{\varepsilon v}-\frac{1}{2}\cdot e^{\varepsilon(v-1)}}$$

$$=\frac{-(e^{-\varepsilon v-\frac{\varepsilon}{2}}-e^{\frac{\varepsilon}{2}})^2+e^{\varepsilon}-1}{1-e^{-\varepsilon}}$$

可得

$$1<\frac{|I'(y,z)|}{|I'(y+1,z)|}\leqslant e^{\varepsilon}$$

我们只分析情形 1,其他情形类似。

由于对于任意 $y\in\mathbb{Z}$ 来说,$I'(y,z)$和 $I'(y+1,z)$为连续的区间,可得

$$|S|=\sum_{j=-\infty}^{y}|I'(j,k)|\leqslant\sum_{j=-\infty}^{y}|I'(y,z)|(e^{-\varepsilon})^{y-j}\leqslant\frac{|I'(y,z)|}{\left(1-\frac{1}{e}\right)\cdot\varepsilon}$$

最后一个不等式成立的理由如下:(1) $g_1(x)\overset{\text{def}}{=\!=}1-e^{-x}$ 是一个凹函数;(2) $g_2(x)\overset{\text{def}}{=\!=}\left(1-\frac{1}{e}\right)\cdot x$ 是一个线性函数;(3) $g_1(0)=g_2(0)$且 $g_1(1)=g_2(1)$。

令 $\bar{S}\overset{\text{def}}{=\!=}[\bar{s}(y,z-a),1]$,则

$$|\bar{S}|\leqslant|S|+2^{-n(y,z)}\leqslant\frac{|I'(y,z)|}{\left(1-\frac{1}{e}\right)\cdot\varepsilon}+2^{-n(y,z)}$$

另外,$|\bar{S}|$可看成从均匀分布 $U_{n(y,z)}$ 中取样序列 r(满足 $r\in\text{STR}(\bar{S},n(y,z))$)得到的概率。$r\in\text{STR}(\bar{S},n(y,z))$。因此,

$$|\bar{S}|=\sum_{r\in\text{STR}(\bar{S},n(y,z))}\frac{1}{2^{n(y,z)}}=|\text{STR}(\bar{S},n(y,z))|\cdot\left(\frac{1}{2}\right)^{n(y,z)}$$

$$|\text{STR}(\bar{S},n(y,z))|=2^{n(y,z)}\cdot|\bar{S}|\leqslant 2^{n(y,z)}\cdot\frac{|I'(y,z)|}{\left(1-\frac{1}{e}\right)\cdot\varepsilon}+1$$

由于 $n(y,z)\leqslant\log\frac{\alpha-1}{|I(y,z)|}$,$\frac{|I'(y,z)|}{|I(y-1,z)|}\leqslant e^{\varepsilon}-1$,且$\frac{|I(y-1,z)|}{|I(y,z)|}\leqslant e^{\varepsilon}$,可得

$$2^{n(y,z)}\cdot\frac{|I'(y,z)|}{\left(1-\frac{1}{e}\right)\cdot\varepsilon}+1$$

$$\leqslant \frac{\alpha-1}{|I(y,z)|}\cdot\frac{|I'(y,z)|}{\left(1-\frac{1}{\mathrm{e}}\right)\cdot\varepsilon}+1$$

$$=\frac{|I'(y,z)|}{|I(y-1,z)|}\cdot\frac{|I(y-1,z)|}{|I(y,z)|}\cdot\frac{\alpha-1}{\left(1-\frac{1}{\mathrm{e}}\right)\cdot\varepsilon}+1$$

$$\leqslant \mathrm{e}^{\varepsilon}\cdot(\mathrm{e}^{\varepsilon}-1)\cdot\frac{\alpha-1}{\left(1-\frac{1}{\mathrm{e}}\right)\cdot\varepsilon}+1$$

因此,有下式成立:

$$|\mathrm{SUFFIX}(u,n(y,z))|\leqslant|\mathrm{STR}(\bar{S},n(y,z))|\leqslant\frac{\mathrm{e}^{\varepsilon}\cdot(\mathrm{e}^{\varepsilon}-1)\cdot(\alpha-1)}{\left(1-\frac{1}{\mathrm{e}}\right)\cdot\varepsilon}+1$$

特别地,对于任意 $u\in\mathbb{Z}$,$z\in\mathscr{Z}$ 来说,令 $n(u,z)\overset{\mathrm{def}}{=\!=}\left\lceil\frac{\frac{2^{b}\alpha}{\zeta}+1}{|I(u,z)|}\right\rceil$,这里 $\alpha\overset{\mathrm{def}}{=\!=}3\mathrm{e}^{\varepsilon}$ 且 $\zeta\overset{\mathrm{def}}{=\!=}\frac{2^{b+1}\cdot\mathrm{e}^{\varepsilon}}{\mathrm{e}^{\varepsilon}-1}$。由命题 4.1 的证明,可得 $2^{n(y,z)}|I(y,z)|+1\leqslant\alpha$(也就是说,$2^{n(y,z)}|I(y,z)|\leqslant\alpha-1$)。另外,$\frac{|I'(y,z)|}{|I(y-1,z)|}\leqslant\mathrm{e}^{\varepsilon}-1$ 且 $\frac{|I(y-1,z)|}{|I(y,z)|}\leqslant\mathrm{e}^{\varepsilon}$。因此,

$$2^{n(y,z)}\cdot\frac{|I'(y,z)|}{\left(1-\frac{1}{\mathrm{e}}\right)\cdot\varepsilon}+1$$

$$\leqslant 2^{n(y,z)}\cdot\frac{(\mathrm{e}^{\varepsilon}-1)\cdot|I(y-1,z)|}{\left(1-\frac{1}{\mathrm{e}}\right)\cdot\varepsilon}+1$$

$$\leqslant 2^{\log\frac{\frac{2^{b}\alpha}{\zeta}+1}{|I(y,z)|}+1}\cdot\frac{(\mathrm{e}^{\varepsilon}-1)\cdot|I(y-1,z)|}{\left(1-\frac{1}{\mathrm{e}}\right)\cdot\varepsilon}+1$$

$$=2\cdot\left(\frac{2^{b}\alpha}{\zeta}+1\right)\cdot\frac{\mathrm{e}^{\varepsilon}-1}{\left(1-\frac{1}{\mathrm{e}}\right)\cdot\varepsilon}\cdot\frac{|I(y-1,z)|}{|I(y,z)|}+1$$

$$\leqslant 2\cdot\left(2^{b}\cdot 3\mathrm{e}^{\varepsilon}\cdot\frac{\mathrm{e}^{\varepsilon}-1}{2^{b+1}\cdot\mathrm{e}^{\varepsilon}}+1\right)\cdot\frac{\mathrm{e}^{\varepsilon}-1}{\left(1-\frac{1}{\mathrm{e}}\right)\cdot\varepsilon}\cdot\mathrm{e}^{\varepsilon}+1$$

$$=\frac{\mathrm{e}^{\varepsilon+1}\cdot(3\mathrm{e}^{\varepsilon}-1)\cdot(\mathrm{e}^{\varepsilon}-1)}{\varepsilon\cdot(\mathrm{e}-1)}+1$$

相应地,

$$|\mathrm{SUFFIX}(u,n(y,z))|\leqslant\frac{\mathrm{e}^{\varepsilon+1}\cdot(3\mathrm{e}^{\varepsilon}-1)\cdot(\mathrm{e}^{\varepsilon}-1)}{\varepsilon\cdot(\mathrm{e}-1)}+1$$

命题 4.3　对于任意 $y\in\mathbb{Z}$，$z\in\mathscr{Z}$ 来说，4.4.2 小节的 $\bar{M}_{\varepsilon}^{\mathrm{CBCLCS}}$ 满足以下性质：

$$n(y-1,z)-n(y,z)\leqslant\log\frac{(\alpha-1)\cdot\mathrm{e}^{\varepsilon}}{\dfrac{2^b\alpha}{\zeta}+1}$$

特别地，若对于任意 $u\in\mathbb{Z}$，$z\in\mathscr{Z}$ 来说，$n(u,z)\xlongequal{\mathrm{def}}\left\lceil\dfrac{\dfrac{2^b\alpha}{\zeta}+1}{|I(u,z)|}\right\rceil$，这里 $\alpha\xlongequal{\mathrm{def}}3\mathrm{e}^{\varepsilon}$ 且 $\zeta\xlongequal{\mathrm{def}}\dfrac{2^{b+1}\cdot\mathrm{e}^{\varepsilon}}{\mathrm{e}^{\varepsilon}-1}$，则对于任意 $y\in\mathbb{Z}$，$z\in\mathscr{Z}$ 来说，

$$n(y-1,z)-n(y,z)\leqslant\log(2\mathrm{e}^{\varepsilon})$$

证明　由于对于任意 $u,z\in\mathbb{Z}$ 来说，$\log\dfrac{\dfrac{2^b\alpha}{\zeta}+1}{|I(u,z)|}\leqslant n(u,z)\leqslant\log\dfrac{\alpha-1}{|I(u,z)|}$，可得

$$\begin{aligned}n(y-1,z)-n(y,z)&\leqslant\log\frac{\alpha-1}{|I(y-1,z)|}-\log\frac{\dfrac{2^b\alpha}{\zeta}+1}{|I(y,z)|}\\&=\log\left[\frac{\alpha-1}{\dfrac{2^b\alpha}{\zeta}+1}\cdot\frac{|I(y,z)|}{|I(y-1,z)|}\right]\\&\leqslant\log\frac{(\alpha-1)\cdot\mathrm{e}^{\varepsilon}}{\dfrac{2^b\alpha}{\zeta}+1}\end{aligned}$$

特别地，令 $\alpha\xlongequal{\mathrm{def}}3\mathrm{e}^{\varepsilon}$ 且 $\zeta\xlongequal{\mathrm{def}}\dfrac{2^{b+1}\cdot\mathrm{e}^{\varepsilon}}{\mathrm{e}^{\varepsilon}-1}$，可得

$$\begin{aligned}n(y-1,z)-n(y,z)&\leqslant\log\frac{(\alpha-1)\cdot\mathrm{e}^{\varepsilon}}{\dfrac{2^b\alpha}{\zeta}+1}\\&=\log\frac{(3\mathrm{e}^{\varepsilon}-1)\cdot\mathrm{e}^{\varepsilon}}{2^b\cdot3\mathrm{e}^{\varepsilon}\cdot\dfrac{\mathrm{e}^{\varepsilon}-1}{2^{b+1}\cdot\mathrm{e}^{\varepsilon}}+1}\\&=\log(2\mathrm{e}^{\varepsilon})\end{aligned}$$

将定理 4.1、命题 4.1、命题 4.2 及命题 4.3 相结合，可得定理 4.2。

值得注意的是，当 $b=0$ 且 $\delta=0$ 时，BCL 分布退化为均匀分布。

4.5.2 关于明确构造的机制的效用性结果及其分析

现在我们给出4.4.2小节中的机制具有“足够好的”效用性的结果及其分析。虽然这里的证明思想与参考文献[38]的类似，但为完整起见，我们给出严格的证明。

定理4.3 对于任意 $y\in\mathbb{Z}$，$z\in\mathcal{Z}$ 来说，令 u 表示 $\bar{I}\overset{\text{def}}{=\!=}\bar{I}(y,z)\cup\bar{I}(y-1,z)$ 中所有字符串的最长的公共前缀。假设 $\alpha>3$ 是一个常数。令 $\zeta\geqslant\frac{2^{b+1}\alpha}{\alpha-3}$ 为另一常数。对于任意 $u\in\mathbb{Z}$，$z\in\mathcal{Z}$ 来说，令 $n(u,z)\overset{\text{def}}{=\!=}\left\lceil\frac{\frac{2^b\alpha}{\zeta}+1}{|I(u,z)|}\right\rceil$，这里 $\alpha\overset{\text{def}}{=\!=}3e^{\varepsilon}$ 且 $\zeta\overset{\text{def}}{=\!=}\frac{2^{b+1}\cdot e^{\varepsilon}}{e^{\varepsilon}-1}$，则 $\bar{M}_{\varepsilon}^{\text{CBCLCS}}$ 具有 $\left(\mathscr{BCL}(\delta,b),O\left(\frac{1}{\varepsilon}\cdot\frac{1}{(1-\delta)^2}\right)\right)$-效用性和 $\left(\mathscr{U},O\left(\frac{1}{\varepsilon}\right)\right)$-效用性。

证明 我们只需证明对于任意相邻数据库 $D_1,D_2\in\mathcal{D}$，任意 $f\in\mathcal{F}$，以及任意 $\text{BCL}(\delta,b)\in\mathscr{BCL}(\delta,b)$ 来说，$\mathbb{E}_{r\leftarrow\text{BCL}(\delta,b)}[|\bar{M}_{\varepsilon}^{\text{CBCLCS}}(D_1,f;r)-f(D_1)|]$ 和 $\mathbb{E}_{r\leftarrow\text{BCL}(\delta,b)}[|\bar{M}_{\varepsilon}^{\text{CBCLCS}}(D_2,f;r)-f(D_2)|]$ 都以 $O\left(\frac{1}{\varepsilon}\cdot\frac{1}{(1-\delta)^2}\right)$ 为上界。不失一般性，假设 $f(D_1)=y$ 且 $f(D_2)=y-1$，则

$$\begin{aligned}&\mathbb{E}_{r\leftarrow\text{BCL}(\delta,b)}[|\bar{M}_{\varepsilon}^{\text{CBCLCS}}(D_1,f;r)-y|]\\&=\sum_{z=-\infty}^{\infty}\Pr_{r\leftarrow\text{BCL}(\delta,b)}[\bar{M}_{\varepsilon}^{\text{CBCLCS}}(D_1,f;r)=z]\cdot|z-y|\end{aligned}$$

令 a 为 $\text{STR}(\bar{I}(y,z),n(y,z))$ 中所有字符串的最长的公共前缀。记 $I_0\overset{\text{def}}{=\!=}\text{SUFFIX}(a0,n(y,z))\cap\text{STR}(\bar{I}(y,z),n(y,z))$ 且 $I_1\overset{\text{def}}{=\!=}\text{SUFFIX}(a1,n(y,z))\cap\text{STR}(\bar{I}(y,z),n(y,z))$。因此，$I_0\cup I_1=\text{STR}(\bar{I}(y,z),n(y,z))$。因此，

$$\begin{aligned}&\Pr_{r\leftarrow\text{BCL}(\delta,b)}[\bar{M}_{\varepsilon}^{\text{CBCLCS}}(D_1,f;r)=z]\\&\leqslant\left(\frac{1+\delta}{2}\right)^{|a0|}+\left(\frac{1+\delta}{2}\right)^{|a1|}\\&\leqslant 2\cdot\left(\frac{1+\delta}{2}\right)^{\log\left(\frac{1}{|\bar{I}(y,z)|}\right)}\end{aligned}$$

类似地，可得

$$\Pr_{r\leftarrow\text{BCL}(\delta,b)}[\bar{M}_{\varepsilon}^{\text{CBCLCS}}(D_2,f;r)=z]\leqslant 2\cdot\left(\frac{1+\delta}{2}\right)^{\log\frac{1}{|\bar{I}(y-1,z)|}}$$

断言4.1 对于任意 $y\in\mathbb{Z}$，$z\in\mathcal{Z}$ 来说，有

$$|I(y,z)|\leqslant\frac{1}{2}\cdot e^{-\varepsilon a}\cdot(e^{2\varepsilon a}-1)\cdot e^{-|\varepsilon z-\varepsilon y|}$$

证明 我们考虑三种情形。

情形 1：假设 $z-a-y\geqslant 0$ 且 $z+a-y\geqslant 0$，则

$$|I(y,z)|=1-\frac{1}{2}\cdot e^{-\varepsilon(z+a-y)}-\left[1-\frac{1}{2}\cdot e^{-\varepsilon(z-a-y)}\right]$$
$$=\frac{1}{2}\cdot e^{-\varepsilon a}\cdot(e^{2\varepsilon a}-1)\cdot e^{-|\varepsilon z-\varepsilon y|}$$

情形 2：假设 $z-a-y<0$ 且 $z+a-y\geqslant 0$。根据事实：对于任意 $x>0$ 来说，有 $1-\frac{1}{2}x\leqslant\frac{1}{2}\cdot\frac{1}{x}$，可得

$$|I(y,z)|=1-\frac{1}{2}\cdot e^{-\varepsilon(z+a-y)}-\frac{1}{2}\cdot e^{\varepsilon(z-a-y)}$$
$$\leqslant\frac{1}{2}\cdot e^{-\varepsilon a}\cdot(e^{2\varepsilon a}-1)\cdot e^{-|\varepsilon z-\varepsilon y|}$$

情形 3：假设 $z-a-y<0$ 且 $z+a-y<0$，则

$$|I(y,z)|=\frac{1}{2}\cdot e^{-\varepsilon a}\cdot(e^{2\varepsilon a}-1)\cdot e^{-|\varepsilon z-\varepsilon y|}$$

由于当 $\alpha\overset{\text{def}}{=\!=}3e^{\varepsilon}$ 且 $\zeta\overset{\text{def}}{=\!=}\frac{2^{b+1}\cdot e^{\varepsilon}}{e^{\varepsilon}-1}$ 时，容易证明 $\log\frac{\alpha-1}{|I(y,z)|}-\log\frac{\frac{2^b\alpha}{\zeta}+1}{|I(u,z)|}=1$，可得 $n(y,z)\geqslant\log\frac{\alpha-1}{|I(y,z)|}-1$。根据引理 4.2，有

$$|\bar{I}(y,z)|\leqslant|I(y,z)|+2^{-n(y,z)}\leqslant\frac{3e^{\varepsilon}+1}{3e^{\varepsilon}-1}\cdot|I(y,z)|$$

因此，

$$\log(1/|\bar{I}(y,z)|)$$
$$\geqslant\log\left(\frac{3e^{\varepsilon}-1}{3e^{\varepsilon}+1}\cdot\frac{1}{2}\right)+\log\frac{e^{\varepsilon a}}{e^{2\varepsilon a}-1}+\log e^{|\varepsilon z-\varepsilon y|}$$
$$\geqslant\log\frac{e^{\varepsilon a}}{e^{2\varepsilon a}-1}+|\varepsilon z-\varepsilon y|$$

类似地，$\log\left(\frac{1}{|\bar{I}(y-1,z)|}\right)\geqslant\log\frac{e^{\varepsilon a}}{e^{2\varepsilon a}-1}+|\varepsilon z-\varepsilon y+1|$。因此，

$$\sum_{z=-\infty}^{\infty}\Pr_{r\leftarrow \mathrm{BCL}(\delta,b)}[\bar{M}_{\varepsilon}^{\mathrm{CBCLCS}}(D_1,f;r)=z]\cdot|z-y|$$
$$\leqslant\frac{1}{\varepsilon}\cdot\sum_{z=-\infty}^{y}2\cdot\left(\frac{1+\delta}{2}\right)^{\log\frac{e^{\varepsilon a}}{e^{2\varepsilon a}-1}+|\varepsilon z-\varepsilon y|}\cdot|\varepsilon z-\varepsilon y|+$$
$$\frac{1}{\varepsilon}\cdot\sum_{z=y+1}^{\infty}2\cdot\left(\frac{1+\delta}{2}\right)^{\log\frac{e^{\varepsilon a}}{e^{2\varepsilon a}-1}+|\varepsilon z-\varepsilon y|}\cdot|\varepsilon z-\varepsilon y|$$

$$=\frac{2}{\varepsilon}\cdot\left(\frac{1+\delta}{2}\right)^{\log\frac{e^{\varepsilon a}}{e^{2\varepsilon a}-1}}\cdot\left[\sum_{k=-\infty}^{0}\left(\frac{1+\delta}{2}\right)^{-k}\cdot(-k)+\sum_{k=1}^{\infty}\left(\frac{1+\delta}{2}\right)^{k}\cdot k\right]$$

$$=8(1+\delta)\cdot\left(\frac{1+\delta}{2}\right)^{\log\frac{e^{\varepsilon a}}{e^{2\varepsilon a}-1}}\cdot\frac{1}{\varepsilon}\cdot\frac{1}{(1-\delta)^2}$$

$$=O\left(\frac{1}{\varepsilon}\cdot\frac{1}{(1-\delta)^2}\right)$$

类似地，

$$\sum_{z=-\infty}^{\infty}\Pr_{r\leftarrow \mathrm{BCL}(\delta,b)}\left[\bar{M}_{\varepsilon}^{\mathrm{CBCLCS}}(D_2,f;r)=z\right]\cdot|z-y+1|\leqslant O\left(\frac{1}{\varepsilon}\cdot\frac{1}{(1-\delta)^2}\right)$$

值得注意的是，当 $\delta=0$ 且 $b=0$ 时，BCL 源退化为均匀分布源。

因此得证。

4.5.3 关于明确构造的机制的综合结果及其分析

将定理 4.3 的证明和定理 4.2 相结合，可得以下定理：

定理 4.4 存在关于汉明重量查询的明确的具有$(\mathscr{BCL}(\delta,b),\xi)$-差分隐私性和$(\mathscr{U},\rho)$-效用性（或准确性）的机制，这里

$$\rho>\frac{2^{b\cdot\log(1+\delta)-9}}{\xi}\cdot\left\{\left(\frac{2}{1+\delta}\right)^{b+1}\cdot\frac{2^b+1}{(1+\delta)^b}\cdot\frac{2^{12}}{1-\left(\frac{1+\delta}{2}\right)^2}\cdot\left(\frac{1+\delta}{1-\delta}\right)^{\log\left[\frac{2(2^b+1)e}{1-e^{-1}}+1\right]}\cdot e\right\}>\frac{2^{b\cdot\log(1+\delta)-9}}{\xi}$$

证明 由定理 4.3 的证明，可得

$$\rho\geqslant 8(1+\delta)\cdot\left(\frac{1+\delta}{2}\right)^{\log\frac{e^{\varepsilon a}}{e^{2\varepsilon a}-1}}\cdot\frac{1}{\varepsilon}\cdot\frac{1}{(1-\delta)^2}$$

由上述不等式，可得

$$\rho\geqslant\frac{2^{b\cdot\log(1+\delta)-9}}{\xi}\cdot\left[\frac{\xi}{(1+\delta)^b}\cdot 2^{12}\cdot(1+\delta)\cdot\left(\frac{1+\delta}{2}\right)^{\log\frac{e^{\varepsilon a}}{e^{2\varepsilon a}-1}}\cdot\frac{1}{\varepsilon}\cdot\frac{1}{(1-\delta)^2}\right]$$

下面我们只需证明

$$\frac{\xi}{(1+\delta)^b}\cdot 2^{12}\cdot(1+\delta)\cdot\left(\frac{1+\delta}{2}\right)^{\log\frac{e^{\varepsilon a}}{e^{2\varepsilon a}-1}}\cdot\frac{1}{\varepsilon}\cdot\frac{1}{(1-\delta)^2}\geqslant 1$$

断言 4.2 $\frac{\xi}{(1+\delta)^b}\geqslant 1$ 成立。

证明　由定理 4.2,可得

$$\xi=\left(\frac{1+\delta}{1-\delta}\right)^{\log\left[\frac{e^{\varepsilon+1}\cdot(3e^{\varepsilon}-1)\cdot(e^{\varepsilon}-1)}{\varepsilon\cdot(e-1)}+1\right]}\cdot\left(\frac{2}{1+\delta}\right)^{b}\cdot\left(\frac{2}{1-\delta}\right)^{\log(2e^{\varepsilon})}\cdot\left(\frac{2^{b+1}\cdot e^{\varepsilon}}{e^{\varepsilon}-1}\right)$$

因此,

$$\frac{\xi}{2^b}=\left(\frac{1+\delta}{1-\delta}\right)^{\log\left[\frac{e^{\varepsilon+1}\cdot(3e^{\varepsilon}-1)\cdot(e^{\varepsilon}-1)}{\varepsilon\cdot(e-1)}+1\right]}\cdot\left(\frac{2}{1+\delta}\right)^{b}\cdot\left(\frac{2}{1-\delta}\right)^{\log(2e^{\varepsilon})}\cdot\left(\frac{2e^{\varepsilon}}{e^{\varepsilon}-1}\right)\geqslant 1$$

结合$\frac{\xi}{(1+\delta)^b}\geqslant\frac{\xi}{2^b}$可得$\frac{\xi}{(1+\delta)^b}\geqslant 1$成立。

断言 4.3　$\left(\frac{1+\delta}{2}\right)^{\log\frac{e^{\varepsilon a}}{e^{2\varepsilon a}-1}}\geqslant 1$成立。

证明　由于$a\geqslant\frac{1}{2\varepsilon}$,可得$\varepsilon a\geqslant\frac{1}{2}$。易知函数$f(x)=\frac{1}{e^{x}-e^{-x}}$是一个递减函数。因此,当$x\geqslant\frac{1}{2}$时,可得

$$f(x)\leqslant\frac{1}{e^{\frac{1}{2}}-e^{-\frac{1}{2}}}=\frac{e^{\frac{1}{2}}}{e-1}\approx\frac{1.687\ 2}{2.718\ 28-1}\approx 0.959\ 52<1$$

也就是说,$\frac{e^{\varepsilon a}}{e^{2\varepsilon a}-1}<1$,这里$a\geqslant\frac{1}{2\varepsilon}$。

因此,$\left(\frac{1+\delta}{2}\right)^{\log\frac{e^{\varepsilon a}}{e^{2\varepsilon a}-1}}>\left(\frac{1+\delta}{2}\right)^{\log 1}=1$。

将上述两个断言与条件$0<\varepsilon<1$和$0\leqslant\delta<1$相结合,可推出

$$\frac{\xi}{(1+\delta)^b}\cdot 2^{12}\cdot(1+\delta)\cdot\left(\frac{1+\delta}{2}\right)^{\log\frac{e^{\varepsilon a}}{e^{2\varepsilon a}-1}}\cdot\frac{1}{\varepsilon}\cdot\frac{1}{(1-\delta)^2}\geqslant 1$$

相应地,有$\rho>\frac{2^{b\cdot\log(1+\delta)-9}}{\xi}$成立。

4.6　结果比较

众所周知,Dodis 等人[38]研究了基于 SV 源的差分隐私机制,而 SV 源是 BCL 源的一种特殊情况。本章中提出的紧致的 BCL-一致采样概念,具有差分隐私性和准确性的机制的构建,以及相应的理论分析都与参考文献[38]中的对应方法有所不同。参考文献[38]中的 SV-一致采样概念和本章中的紧致的 BCL-一致采样概念的不同点如下:(1) 我们给出了$\frac{|T_1|}{|T_2|}$的上界而非像参考文献[38]那样限定$\frac{|T_1\backslash T_2|}{|T_2|}$的上

界来简化证明过程。(2)与 Dodis 等人[38]将 T_1 和 T_2 中元素的位长规定为同一值不同,这里我们使用两个集合中值的原始位长来保持与机制构造的一致性。(3)与参考文献[38]对 $|\mathrm{SUFFIX}(u,n)|/|T_1 \cup T_2| = 2^{n-|u|}/|T_1 \cup T_2|$ 进行限定不同,这里我们将一个常数作为 $n(f(D),z)-|u|$ 的上界来绕过对"连续性(consecutivity)"的要求。在明确的机制构造中,本章所给的无限精度机制构造可看作是对参考文献[38]中相应构造的推广,不过本章和参考文献[38]在有限精度机制设计中的截断技术并不相同。此外,本章的一些证明步骤要比参考文献[38]中的相应步骤技巧性更强、更简单。

现在我们将本章的结果与参考文献[17]中的对应结果进行比较。回顾一下,Dodis 和 Yao[17]发现如下定理:

定理 4.5 若 $b \geqslant \frac{\log(\xi\rho)+9}{\log(1+\delta)} = \Omega\left(\frac{\log(\xi\rho)+1}{\delta}\right)$,则不存在对于汉明权重查询来说具有(BCL($\delta,b$),$\xi$)-差分隐私性和($\mathscr{U},\rho$)-准确性的机制。

因此,假设机制 M 对于汉明权重查询来说具有($\mathscr{BCL}(\delta,b),\xi$)-差分隐私性和($\mathscr{U},\rho$)-准确性,则 $\rho > \frac{2^{b\cdot\log(1+\delta)-9}}{\xi}$。这意味着构造一个对于汉明权重查询来说具有($\mathscr{BCL}(\delta,b),\xi$)-差分隐私和($\mathscr{U},\rho$)-精确性的机制是可能的,其中 $\rho > \frac{2^{b\cdot\log(1+\delta)-9}}{\xi}$。本章我们给出了这种机制的明确的构造方法,并给出了严格的分析。因此,我们在参考文献[17]的基础上取得了一些进展。

4.7 本章小结

本章引入了"紧致的 BCL-一致采样"性质,该性质的退化形式与 Dodis 等人[38]提出的 SV-一致采样并不相同。接着证明了:若基于 BCL 源的机制具有紧致的 BCL-一致采样性质,则该机制对于某些参数具有差分隐私性。当 BCL 源退化为 SV 源时,本章的证明比 Dodis 等人[38]的证明要直观和简单得多。进一步,本章我们利用改进的无限精度机制、一种新的截断技术,以及算术编码构造了明确的机制。本章对构造的机制的差分隐私性和准确性给出了具体结果并进行了严格的证明。尽管 Dodis 和 Yao(CRYPTO'15)[17]的结果意味着,对于某些参数约束,不存在基于非完美随机源的差分隐私机制,本章考虑了它的反面,并给出了这种机制的明确的构造方法,该方法的参数与反面需满足的参数约束相匹配。因此,本章与参考文献[17]的结果是互补的。如何构造基于其他非完美随机源(例如块源)甚至基于一般非完美随机源的差分隐私机制是一个值得研究的方向。

第5章　基于弱随机密钥的密码体制的安全性

传统的密码学原语理想地认为密钥服从均匀分布，但事实并非如此。例如，若源为生物数据[2-3]、物理源[4-5]、部分泄露的密钥或 Diffie-Hellman 密钥交换中的群元素[6-7]时，则它不是均匀随机的。把不服从均匀分布的随机密钥称为弱随机密钥。本章将在弱随机密钥的熵背景下研究密码学原语的安全性。

回顾密码学原语的安全性描述[32]如下：

令 T 表示由运行时间、circuit 规模、预言机的询问数等构成的元组。假设敌手 $\mathscr{A}$ 知道 T。对于任意 $r\in\{0,1\}^m$，令 $f(r)$ 表示当密钥为 r 时敌手 $\mathscr{A}$ 的攻击优势。密码学原语 P 在理想模型（相应地，现实模型）下是 (T,ε)-安全的，若对于知道 T 的任意敌手 $\mathscr{A}$ 来说，$f(U_m)$（相应地，$f(R)$）的期望的上界为 ε，这里 U_m 表示 $\{0,1\}^m$ 上的均匀分布（相应地，R 表示某非均匀分布）。$f(R)$ 的期望称为弱期望[32]。

Dodis 和 Yu 得到了关于 $f(R)$ 的不等式，该不等式把 $f(R)$ 的弱期望的上界表示为两部分的积：第一部分只依赖于熵缺陷（即长度 $m=\text{length}(R)$ 和熵之间的差），第二部分依赖于 $f(U_m)$ 或 $f(U_m)^2$ 的期望[32]。不过，在参考文献[32]中，某些应用只考虑了最小熵，另外一些应用只考虑了碰撞熵。我们知道碰撞熵较最小熵对随机性的限制更为宽松。

由于 Rényi 熵为我们提供了一个新的更一般的对密钥随机性的测量方法（即 Rényi 熵是最一般的熵概念，它涵盖了最小熵、碰撞熵、Shannon 熵和其他一些熵[42]），且 Rényi 熵与碰撞熵相比有一些优点[43-44]，故把已有结果用 Rényi 熵统一起来是很有意义的。另外，Rényi 熵是信息论意义上的，在现实中往往不可行。自然的想法是把信息论扩充为计算理论。迄今为止，Håstad 等人[50]提出的 HILL 熵最为常用。本章将采用 Rényi 熵和扩充的 HILL 熵来研究如何克服弱期望[78-79]。

1. 贡献及技术

本章的主要目标是利用 Rényi 熵对参考文献[32]中的结果进行进一步抽象和一般化。采取两种方法来实现该目标。

（1）方法1

Dodis 和 Yu 发现：在密钥的熵缺损足够小的前提下，（1）对于不可预测性应用

(unpredictability applications)①来说,由理想模型中的(T,ε)-安全性可推出基于最小熵的理想模型下的(T,ε')-安全性,这里 ε' 比 ε 差不了多少;(2) 对于“square-friendly”的不可区分性应用(indistinguishability applications)来说②,由理想模型下的(T,ε)-安全性可推出基于碰撞熵的现实模型下的(T',ε'')-安全性,这里 T' 和 ε'' 比 T 和 ε 差不了多少[32]。众所周知,当 $\alpha\geqslant 2$ 时,$2H_\infty(R)\geqslant H_2(R)\geqslant H_\alpha(R)$。相应地,若 $\alpha\geqslant 2$,则 Dodis 和 Yu 的结果[32]可容易地扩展为 Rényi 熵 $H_\alpha(R)$的情况。困难在于 $1<\alpha<2$ 时的情形,本章的目标是使得 $H_\alpha(R)$的上界为关于 $H_2(R)$的函数,而已有的各种 Rényi 熵之间的关系不足以实现该目标。本章发现可利用 Hölder 不等式来得到 $H_2(R)\geqslant\left(1-\frac{1}{2\alpha-1}\right)\cdot H_\alpha(R)$,其中 $1<\alpha<2$。

(2) 方法 2

本章利用 Hölder 不等式的离散形式,从而得到 $f(R)$的期望(即$\mathbb{E}[f(R)]$)的上界可分为两部分的乘积:第一部分依赖于 Rényi 熵的熵缺损,而第二部分依赖于 $|f(U_m)|^\alpha$ 的期望(即$\mathbb{E}[|f(U_m)|^\alpha]$),这里 $\alpha>1$。若 $\alpha=2$,则其退化为参考文献[32]中的情形。这并不奇怪,由于参考文献[32]中利用了 Cauchy-Schwartz 不等式,而 Hölder 不等式为 Cauchy-Schwartz 不等式的推广。

对于不可预测性应用 P 来说,由于 $f(r)\in[0,1]$,故$\mathbb{E}[|f(U_m)|^\alpha]\leqslant\mathbb{E}[f(U_m)]$对于任意 $\alpha>1$ 都成立。因此,在弱随机密钥的熵缺损足够小的前提下,若 P 在理想模型下是(T,ε)-安全的,则 P 在现实模型下是(T,ε')-安全的,这里 ε' 比 ε 差不了多少。

对于不可区分性应用来说,由于 $f(r)\in\left[-\frac{1}{2},\frac{1}{2}\right]$,上述方法不再成立。尽管 Barak 和 Dodis 等人提供了双运行技巧来研究理想模型下安全性与平方安全性的关系[32,80],但我们无法通过直接推广该技术来挖掘安全性和 α'次幂安全性之间的关系。幸运的是,本章研究表明,若利用 Hölder 不等式,则可以把平方安全性作为桥梁,来建立理想模型下安全性与 α'次幂安全性的关系。更确切地,若$\mathbb{E}[|f(U_m)|^\alpha]$的上界为$\mathbb{E}[|f(U_m)|^2]$的函数,则可推出:在密钥的熵缺损足够小的前提下,若密码学原语 P 在理想模型下是(T,ε)-安全的,则 P 在现实模型下是(T',ε'')-安全的,这里 T'和 ε''比 T 和 ε 差不了多少。

结合上述两个方法,本章得到以下重要结果:粗略地说,在密钥的熵缺损足够小的前提下,有以下结果。

结果 1 若不可预测性应用 P 在理想模型下是(T,ε)-安全的,则 P 在现实模型

① “不可预测性”描述在安全游戏中敌手难以预测新的合理的“对”这一性质。

② “square-friendly”可理解为概念“可模拟性”的非正式描述(详见定义 5.4)。通俗地说,“square-friendly”一词由 Dodis 和 Yu[32]引入,用于表示由标准安全的好的上界可推出平方安全(见定义 5.6)的好的上界。

下基于 Rényi 熵 $H_\alpha(R)$（其中 $\alpha>1$）是(T,ε')-安全的，这里 ε'比 ε 差不了多少。（详见定理 5.8）

结果 2　若“square-friendly”不可区分性应用 P 在理想模型下是(T,ε)-安全的，则 P 在现实模型下基于 Rényi 熵 $H_\alpha(R)$（其中 $\alpha>1$）是(T',ε'')-安全的，这里 T'和 ε''比 T 和 ε 差不了多少（详见定理 5.9）。

与以前的结果相比，本章的结果更一般，由于以前的文献对于不可预测性应用只考虑了最小熵，对于不可区分性应用只考虑了碰撞熵[32]。

上述结果给出了当 m 位密钥 R 的 Rényi 熵 $H_\alpha(R)$的熵缺损足够小时各种应用的安全性结果。然而，在许多情形下，得到的随机分布 X 的位长为 n，其 Rényi 熵为 k，我们需要首先通过密钥生成函数把 X 映射为 m 位密钥 R，使得生成的密钥可被安全地应用。本章利用通用散列函数族、两两相互独立的哈希函数族及长度翻倍伪随机数生成器来研究，该方法可看成是对参考文献[32]中的相应结论的扩充，因为参考文献[32]只利用了碰撞熵，而本章则利用了 Rényi 熵。

参考文献[32]用信息论意义上的熵来测量不确定性。然而，在现实中这种方法往往不可行。因此，本章把 Rényi 熵扩展为计算意义下的情形，并研究如何克服弱期望。本章研究表明，若把敌手的攻击优势的 circuit 规模取为扩展的计算熵的概念中的 circuit 规模，则这种熵在克服弱期望的研究中将非常有用，从而得到与结果 1 和结果 2 类似的结论。

2. 应　用

基于 Rényi 熵的安全结果可适用于所有的不可预测性应用，三个典型的例子为：单向函数、消息认证码（Message Authentication Code，简记为 MAC）及签名方案（粗略地说，对于$(\mathcal{X},\mathcal{Y})$上的单向函数 H 来说，对于随机值 $x\in\mathcal{X}$，当给定 $y\leftarrow H(x)$时，敌手难以找到 y 的原像；对于安全的 MAC 或签名方案①来说，给出一系列消息标签对，敌手难以预测新的合理的消息标签对）。另外，基于 Rényi 熵的不等式还可适用于“square-friendly”不可区分性应用（例如 CPA-安全的对称加密方案、弱伪随机函数、抽取器以及非延展抽取器）。

5.1　预备知识

引理 5.1　（见参考文献[81]）令 $\alpha,\alpha'\in(1,\infty)$，$\frac{1}{\alpha}+\frac{1}{\alpha'}=1$，则对于任意$(x_1,x_2,\cdots,x_l)$，$(y_1,y_2,\cdots,y_l)\in\mathbb{R}^l$来说，都有

① 这两者的主要不同在于：在 MAC 中签名和认证算法利用了相同的密钥；在签名方案中，签名算法利用私钥，而验证算法则利用公钥。

$$\sum_{k=1}^{l} | x_k y_k | \leqslant (\sum_{k=1}^{l} | x_k |^{\alpha})^{\frac{1}{\alpha}} (\sum_{k=1}^{l} | y_k |^{\alpha'})^{\frac{1}{\alpha'}}$$

该不等式为 Hölder 不等式的离散形式。

密码学原语的安全性 考虑非确定性攻击者 $\mathscr{A}$ 和非确定性挑战者 $\mathscr{C}(r)$ 之间的交互游戏，这里 $\mathscr{C}$ 被 P 的定义固定，特殊的密钥 r 在理想情形下来自均匀分布 U_m，在现实情形下来自某非均匀分布 R。该游戏可以有任意结构，不过最后 $\mathscr{C}(r)$ 应输出一比特位（记为 $b_{\mathscr{C}(r)}$）：若输出 1，则表示 $\mathscr{A}$ 赢得了该游戏；若输出 0，则相反。给定特殊的密钥 r，把密钥为 r 时敌手 $\mathscr{A}$（针对被应用 P 固定的挑战者 $\mathscr{C}$）的攻击优势 $f_{\mathscr{A}}(r)$ 定义如下：对于不可预测性游戏来说，令 $f_{\mathscr{A}}(r)$ 表示基于 $\mathscr{A}$ 和 $\mathscr{C}$ 的内部随机变量的 $b_{\mathscr{C}(r)}$ 的期望值，从而 $f_{\mathscr{A}}(r) \in [0,1]$；对于不可区分性游戏来说，令 $f_{\mathscr{A}}(r)$ 表示 $b_{\mathscr{C}}(r) - \frac{1}{2}$ 的期望，从而 $f_{\mathscr{A}}(r) \in \left[-\frac{1}{2}, \frac{1}{2}\right]$。记 $|\mathbb{E}[f_{\mathscr{A}}(U_m)]|$ 为 $\mathscr{A}$ 在理想模型下的攻击优势。对于 $c \geqslant 0, c \neq 1$，以及所有满足 $H_c(R) \geqslant m-d$ 的分布 R 来说，令 $\max_R |\mathbb{E}[f_{\mathscr{A}}(R)]|$ 为 $\mathscr{A}$ 在 $(m-d)$-real_c 模型下的攻击优势。不像参考文献[32]，那里仅考虑 c 为 ∞ 或 2 的情况，本章的 c 可以为任意大于 1 的整数。

类似地，对于 $\alpha \geqslant 0$ 且 $\alpha \neq 1$ 来说，记 $\max_R |\mathbb{E}(f_{\mathscr{A}}(R))|$（即取遍所有满足 $H_{\alpha,\varepsilon,s}^{\text{EHILL}}(R) \geqslant m-d$ 的分布 R 时，$f_{\mathscr{A}}(R)$ 的期望的最大值）作为敌手 $\mathscr{A}$ 在 $(m-d)$-$\text{real}_{\alpha,\varepsilon,s}^{\text{EHILL}}$ 模型下的攻击优势①。

定义 5.1 （见参考文献[32]）称应用 P 在理想模型下是 (T,ε)-安全的，若任意上界为 T 的敌手 $\mathscr{A}$ 在理想模型下的攻击优势的上界为 ε。对于 $c>1$ 来说，称应用 P 在 $(m-d)$-real_c 模型下是 (T',ε')-安全的，若任意上界为 T' 的敌手 $\mathscr{A}$ 在 $(m-d)$-real_c 模型下的攻击优势至多为 ε'。

定义 5.2 对于 $\alpha \geqslant 0$ 且 $\alpha \neq 1$ 来说，称应用 P 在 $(m-d)$-$\text{real}_{\alpha,\varepsilon_0,s'}^{\text{EHILL}}$ 模型下是 (T',s',ε')-安全的，若任意以 circuit 规模为 s'，运行时间的上界为 T' 的敌手 A 在 $(m-d)$-$\text{real}_{\alpha,\varepsilon_0,s'}^{\text{EHILL}}$ 模型下的攻击优势至多为 ε'。

当考虑密钥生成函数时，原弱随机密钥的熵 k 及输出长度 m 在该场景下起重要作用，从而有以下定义：

定义 5.3 令 $c>1$。若一个给定的密钥生成函数 h 以任意熵为 $H_c(Y) \geqslant k$ 的 Y 为输入，以密钥 $R=h(Y) \in \{0,1\}^m$ 为输出，则称这种密钥生成设置为 (k,m)-real_c 模型。

特别地，对于不可区分性应用来说，Dodis 和 Yu 引入了可模拟性和平方安全的概念，并利用双运行技巧得到以下定义[32]：

定义 5.4 称不可区分性应用 P 是 (T',T,γ)-可模拟的，若对于任意密钥 r 和任意合理的以 T 为上界的攻击者 $\mathscr{A}$ 来说，均存在（可能不合法的）以 T' 为上界的攻

---

① 该模型与参考文献[32]的不同之处在于这里的弱随机密钥的信息量是由扩展的 HILL 熵来测量的，而参考文献[32]中则是由碰撞熵和最小熵来测量的。

击者 $\mathscr{B}$(对于某 $T'\geqslant T$)，使得

(1) 对于 $i=1,2$ 来说，$\mathscr{B}$ 和“真实”$\mathscr{C}(r)$之间的执行定义了 $\mathscr{A}$ 的一个复制 $\mathscr{A}_i$ 和一个被模拟的挑战者 $\mathscr{C}_i(r)$。特别地，除了重复利用相同的 r、$\mathscr{A}_1$、$\mathscr{C}_1(r)$、$\mathscr{A}_2$、$\mathscr{C}_2(r)$ 以外，利用新鲜和独立的随机值，包括独立的挑战位 b_1 和 b_2。

(2) 被“真实”挑战者 $\mathscr{C}(r)$使用的挑战位 b 等于被“模拟”挑战者 $\mathscr{C}_2$ 使用的挑战位 b_2。

(3) 在把挑战位 b 猜想为 b'之前，B 已经知道 b_1、b'_1及 b'_2的值。

(4) $\mathscr{B}$ 违反失败断言 F 的概率至多为 γ。

类似地，有以下定义和引理：

定义 5.5　称不可区分性应用 P 是$((T',s'),(T,s),\gamma)$-可模拟的，若对于任意密钥 r 和任意合理的，以 T 为上界，攻击优势的 circuit 规模为 s 的攻击者 $\mathscr{A}$ 来说，均存在(可能不合法的!)以 T'为上界，攻击优势的 circuit 规模为 s'的攻击者 $\mathscr{B}$(对于某 $T'\geqslant T$)，满足的条件与定义 5.4 中的(1)～(4)相同。

定义 5.6　称应用 P 在理想模型下是(T,σ)-平方安全的，若对于任意上界为 T 的敌手 $\mathscr{A}$ 来说，都有$\mathbb{E}[f(U_m)^2]\leqslant\sigma$ 成立，这里 $f(r)$为密钥是 r 时敌手 $\mathscr{A}$ 的攻击优势。

引理 5.2　假设 P 在理想模型下是(T',ε)-安全且(T',T,γ)-可模拟的，则 P 在理想模型下是(T,σ)-平方安全的，这里 $\sigma\leqslant\dfrac{\varepsilon+\gamma}{2}$。相应地，$P$ 在$(m-d)$-real_2 模型下是$(T,\sqrt{2^{d-1}\cdot(\varepsilon+\gamma)})$-安全的。

5.2　基于 Rényi 熵的密码体制的安全性

本节研究理想模型下敌手的攻击优势$|\mathbb{E}[f_{\mathscr{A}}(U_m)]|$与$(m-d)$-$\text{real}_c$ 模型(其中 $c>1$)下的攻击优势 $\max_R|\mathbb{E}[f_{\mathscr{A}}(R)]|$的关系。基于 Rényi 熵和 Hölder 不等式的离散形式，通过两种方法来分析密码体制的安全性得到如何克服弱期望。本节还将证明当边信道存在时这些结果仍然成立。

5.2.1　方法 1

首先回顾参考文献[32]中的两个重要定理，然后基于 Hölder 不等式来研究 Rényi 熵 H_α(其中 $1<\alpha\leqslant 2$)和碰撞熵之间的关系，接着利用 Rényi 熵来研究理想模型下的安全性与现实模型下的安全性之间的关系。

定理 5.1　(见参考文献[32])若不可预测性应用 P 在理想模型下是(T,ε)-安全的，则 P 在$(m-d')$-real_∞ 模型下是$(T,2^{d'}\cdot\varepsilon)$-安全的。

定理 5.2　(见参考文献[32])若不可区分性应用 P 在理想模型下是(T',ε)-安

全和(T',T,γ)-可模拟的，则P在理想模型下是(T,σ)-平方安全的，这里$\sigma\leqslant\frac{\varepsilon+\gamma}{2}$。相应地，$P$在$(m-d)$-$\mathrm{real}_2$模型下是$(T,\sqrt{2^{d-1}}\cdot\sqrt{\varepsilon+\gamma})$-安全的。

众所周知，当$\alpha>2$时，$2H_\infty(R)\geqslant H_2(R)\geqslant H_\alpha(R)$。因此，我们只需给出$H_\alpha(R)$（其中$1<\alpha\leqslant 2$）的上界，该上界为$H_2(R)$的某一函数。下面利用Hölder不等式来实现这一目标。

引理5.3 若$1<\alpha\leqslant 2$，则$H_2(R)\geqslant\left(1-\frac{1}{2\alpha\text{-}1}\right)\cdot H_\alpha(R)$。

证明 不失一般性，假设R是$\{0,1\}^m$上的分布。令$\alpha'=\frac{1}{1-\frac{1}{\alpha}}$，则$\frac{1}{\alpha}+\frac{1}{\alpha'}=1$且$\alpha'\geqslant 2$。

由Hölder不等式可得

$$\sum_r \Pr[R=r]^2\leqslant\left(\sum_r \Pr[R=r]^\alpha\right)^{\frac{1}{\alpha}}\cdot\left(\sum_r \Pr[R=r]^{\alpha'}\right)^{\frac{1}{\alpha'}}$$

因此，$H_2(R)\geqslant\frac{1}{\alpha}\cdot H_{\alpha'}(R)+\left(1-\frac{1}{\alpha}\right)\cdot H_\alpha(R)$，从而，由$2H_{\alpha'}(R)\geqslant 2H_\infty(R)\geqslant H_2(R)$可得

$$H_2(R)\geqslant\frac{1}{\alpha}\cdot H_{\alpha'}(R)+\left(1-\frac{1}{\alpha}\right)\cdot H_\alpha(R)\geqslant\frac{1}{2\alpha}\cdot H_2(R)+\left(1-\frac{1}{\alpha}\right)\cdot H_\alpha(R)$$

相应地，$H_2(R)\geqslant\left(1-\frac{1}{2\alpha-1}\right)\cdot H_\alpha(R)$。

相似地，当考虑变信道信息S时，可得以下引理：

引理5.4 当$1<\alpha\leqslant 2$时，有$H_2(R|S)\geqslant\left(1-\frac{1}{2\alpha-1}\right)\cdot H_\alpha(R|S)$。

从而可得：对于所有不可预测性应用和可模拟的不可区分性应用来说，在某些参数仅发生微小的改变的前提下，由理想模型下的安全性可推出现实模型下的安全性。更确切地，有以下定理：

定理5.3 若不可预测性应用P在理想模型下是(T,ε)-安全的，则有

(1) 若$1<\alpha\leqslant 2$，则P在$(m-d)$-real_α模型下是$\left(T,2^{\frac{\alpha m+(\alpha-1)d}{2\alpha-1}}\cdot\varepsilon\right)$-安全的；

(2) 若$\alpha>2$，则P在$(m-d)$-real_α模型下是$\left(T,2^{\frac{m+d}{2}}\cdot\varepsilon\right)$-安全的。

证明 (1) 对于$1<\alpha\leqslant 2$来说，由引理5.3可得$H_2(R)\geqslant\left(1-\frac{1}{2\alpha-1}\right)\cdot H_\alpha(R)$。结合$2H_\infty(R)\geqslant H_2(R)$和$H_\alpha(R)\geqslant m-d$，可得

$$H_\infty(R)\geqslant\frac{\alpha-1}{2\alpha-1}\cdot(m-d)=m-\frac{\alpha m+(\alpha-1)d}{2\alpha-1}$$

令 $d' \stackrel{\text{def}}{=\!=} \frac{\alpha m+(\alpha-1)d}{2\alpha-1}$。因此，由定理 5.1 可得定理 5.3(1)。

(2) 若 $\alpha>2$，则 $2H_\infty(R)\geqslant H_2(R)\geqslant H_\alpha(R)\geqslant m-d$，从而

$$H_\infty(R)\geqslant \frac{m-d}{2}=m-\frac{m+d}{2}$$

令 $d' \stackrel{\text{def}}{=\!=} \frac{m+d}{2}$。因此，由定理 5.1 可得定理 5.3(2)。

定理 5.4　若不可区分性应用 P 在理想模型下是(T',ε)-安全和(T',T,γ)-可模拟的，则

(1) 若 $1<\alpha\leqslant 2$，则 P 在 $\left(\frac{(2\alpha-1)\cdot(m-d)}{2\alpha-2}\right)$-real$_\alpha$ 模型下是$(T,\sqrt{2^{d-1}(\varepsilon+\gamma)})$-安全的；

(2) 若 $\alpha>2$，则 P 在$(m-d)$-real$_\alpha$ 模型下是$(T,\sqrt{2^{d-1}(\varepsilon+\gamma)})$-安全的。

证明　(1) 若 $1<\alpha\leqslant 2$，则由引理 5.3 和 $H_\alpha(R)\geqslant\frac{(2\alpha-1)\cdot(m-d)}{2\alpha-2}$可得

$$\begin{aligned}H_2(R)&\geqslant\left(1-\frac{1}{2\alpha-1}\right)\cdot H_\alpha(R)\\&\geqslant\left(1-\frac{1}{2\alpha-1}\right)\cdot\frac{(2\alpha-1)\cdot(m-d)}{2\alpha-2}\\&=m-d\end{aligned}$$

因此，由定理 5.2 可得定理 5.4(1)。

(3) 若 $\alpha>2$，则 $H_2(R)\geqslant H_\alpha(R)\geqslant m-d$。因此，由定理 5.2 可得定理 5.4(2)。

5.2.2　方法 2

首先利用 Hölder 不等式得到一个不等式，该不等式统一了理想模型和现实模型下安全性之间的关系。然后借鉴 Dodis 和 Yu 中的双运行技巧[32]，并通过探索变量的不同阶矩之间的关系来克服弱期望。

定理 5.5　令 $\alpha>1$，则对于任意（确定性）实值函数 $f:\{0,1\}^m\to\mathbb{R}$ 和任意 $H_\alpha(R)\geqslant m-d$ 的随机变量 R 来说，都有

$$|\mathbb{E}[f(R)]|\leqslant\left(2^d\cdot\mathbb{E}\left[|f(U_m)|^{\frac{\alpha}{\alpha-1}}\right]\right)^{\frac{\alpha-1}{\alpha}}$$

证明　由定义 2.9 可得 $\sum\limits_r \Pr[R=r]^\alpha=2^{(1-\alpha)H_\alpha(R)}$。令 $\alpha'=\frac{\alpha}{\alpha-1}$，由引理 5.1 可得

$$\begin{aligned}|\mathbb{E}[f(R)]|&=\left|\sum_r \Pr[R=r]f(r)\right|\leqslant\sum_r|\Pr[R=r]f(r)|\\&\leqslant\left[\sum_r\Pr[R=r]^\alpha\right]^{\frac{1}{\alpha}}\cdot\left[\sum_r|f(r)|^{\alpha'}\right]^{\frac{1}{\alpha'}}\end{aligned}$$

$$
\begin{aligned}
&=[2^{(1-\alpha)H_\alpha(R)}]^{\frac{1}{\alpha}}\cdot\left[\frac{1}{2^m}\cdot\sum_r|f(r)|^{\alpha'}\right]^{\frac{1}{\alpha'}}\cdot(2^m)^{\frac{1}{\alpha'}}\\
&=[2^{(1-\alpha)H_\alpha(R)}]^{\frac{1}{\alpha}}\cdot\{2^m\cdot\mathbb{E}[|f(U_m)|^{\alpha'}]\}^{\frac{1}{\alpha'}}\\
&\leqslant 2^{\frac{(1-\alpha)(m-d)}{\alpha}}\cdot\{2^m\cdot\mathbb{E}[|f(U_m)|^{\alpha'}]\}^{\frac{1}{\alpha'}}\\
&=\{2^d\cdot\mathbb{E}[|f(U_m)|^{\alpha'}]\}^{\frac{1}{\alpha'}}\\
&=\{2^d\cdot\mathbb{E}[|f(U_m)|^{\frac{\alpha}{\alpha-1}}]\}^{\frac{\alpha-1}{\alpha}}
\end{aligned}
$$

上述不等式统一并扩展了 Dodis 和 Yu[32] 中的两个不等式，因为参考文献[32]中的一个不等式利用了 Cauchy - Schwartz 不等式（该不等式为 Hölder 不等式的特殊情形），而另一个不等式则只考虑了 $\alpha\to\infty$ 且 f 的值域为 $\mathbb{R}^+\cup\{0\}$ 的情形。

定理 5.6 令 $\alpha>1$。若不可预测性应用 P 在理想模型下是 (T,ε)-安全的，则 P 在 $(m-d)$-real$_\alpha$ 模型下是 $\left(T,(2^d\cdot\varepsilon)^{1-\frac{1}{\alpha}}\right)$-安全的。

证明 由于对于任意 $r\in\{0,1\}^m$ 都有 $f(r)\in[0,1]$，故对于任意 $\alpha>1$ 来说，都有 $\mathbb{E}\left[|f(U_m)|^{\frac{\alpha}{\alpha-1}}\right]\leqslant\mathbb{E}[f(U_m)]$ 成立。因此 P 在 $(m-d)$-real$_\alpha$ 模型下是 $\left(T,(2^d\cdot\varepsilon)^{1-\frac{1}{\alpha}}\right)$-安全的。

定理 5.6 表明，若得到的弱随机密钥能保证足够小的熵缺陷，则在理想模型下的不可预测性应用在现实情形下不需重新设计，且在现实情形下的安全水平可用理想模型下的安全水平和弱随机密钥的熵缺损的函数来衡量。

尽管对于所有的不可确定性应用来说，最小熵能被扩充为 Rényi 熵，但对于不可区分性应用来说，似乎把 $\mathbb{E}[|f(U_m)|^{\alpha'}]$ 和 $\mathbb{E}[f(U_m)]$ 联系起来比较困难。一个主要的原因是 $f(r)$ 的值域 $\left(\text{即}\left[-\frac{1}{2},\frac{1}{2}\right]\right)$ 导致不能直接地把定理 5.5 中的不等式中的绝对值去掉。

不过，Dodis 和 Yu 提供了双运行技巧来建立 $\mathbb{E}[f_{\mathscr{B}}(U_m)]$ 和 $\mathbb{E}[f_{\mathscr{A}}(U_m)^2]$ 之间的联系，其中 $\mathscr{A}$ 和 $\mathscr{B}$ 为两个种类相同、预言机询问次数不同的攻击游戏中的敌手[32]。本章将采用该技术并探索 $\mathbb{E}[f_{\mathscr{A}}(U_m)^2]$ 和 $\mathbb{E}[|f_{\mathscr{A}}(U_m)|^{\alpha'}]$ 之间的关系（其中 $\alpha'>1$）。我们将从把平方安全扩展为幂安全开始。

定义 5.7 考虑 $\alpha'>1$。称应用 P 在理想模型下是 (T,σ)-α' 次幂安全的，若对于任意以 T 为上界的敌手 $\mathscr{A}$ 来说，都有 $\mathbb{E}[|f(U_m)|^{\alpha'}]\leqslant\sigma$ 成立。这里 $f(r)$ 是密钥为 r 时敌手 $\mathscr{A}$ 的攻击优势。

由定理 5.5 可得以下推论：

推论 5.1 令 $\alpha'>1$。若不可区分性应用 P 在理想模型下是 (T,σ)-α' 次幂安全的，则 P 在 $(m-d)$-real$_{\frac{\alpha'}{\alpha'-1}}$ 模型下是 $\left(T,(2^d\cdot\sigma)^{\frac{1}{\alpha'}}\right)$-安全的。

下面研究$\mathbb{E}[|f(U_m)|^{\alpha'}]$和$\mathbb{E}[|f(U_m)|^2]$之间的关系，然后研究当已知随机密钥的 Rényi 熵时，不可区分性应用中理想模型下的安全性与现实模型下的安全性之间的关系。

引理 5.5 令 $1<\alpha'<2$。对于任意（确定性）实值函数 $f:\{0,1\}^m\rightarrow\left[-\frac{1}{2},\frac{1}{2}\right]$来说，都有

$$\mathbb{E}[|f(U_m)|^{\alpha'}]\leqslant\{\mathbb{E}[|f(U_m)|^2]\}^{\frac{\alpha'}{2}}$$

证明 首先证明如下断言。

断言 5.1 令 $1<\alpha'<2$。对于任意$(x_1,x_2,\cdots,x_l)\in\mathbb{R}^l$来说，都有

$$\sum_{k=1}^{l}|x_i|^{\alpha'}\leqslant\left(\sum_{k=1}^{l}|x_i|^2\right)^{\frac{\alpha'}{2}}\cdot l^{1-\frac{\alpha'}{2}}$$

证明 由于 $1<\alpha'<2$，故$\frac{2}{\alpha'}>1$。由 Hölder 不等式(见引理 5.1)可得

$$\begin{aligned}\sum_{k=1}^{l}|x_i|^{\alpha'}&=\sum_{k=1}^{l}(|x_i|^{\alpha'}\cdot 1)\leqslant\left[\sum_{k=1}^{l}(|x_i|^{\alpha'})^{\frac{2}{\alpha'}}\right]^{\frac{\alpha'}{2}}\cdot\left(\sum_{k=1}^{l}1\right)^{1-\frac{\alpha'}{2}}\\&=\left(\sum_{k=1}^{l}|x_i|^2\right)^{\frac{\alpha'}{2}}\cdot l^{1-\frac{\alpha'}{2}}\end{aligned}$$

由上述断言可得

$$\begin{aligned}\mathbb{E}[|f(U_m)|^{\alpha'}]&=\frac{1}{2^m}\sum_{r}|f(r)^{\alpha'}|\leqslant\frac{1}{2^m}\cdot\left(\sum_{r}|f(r)^2|\right)^{\frac{\alpha'}{2}}\cdot 2^{m\cdot\left(1-\frac{\alpha'}{2}\right)}\\&=\{\mathbb{E}[|f(U_m)|^2]\}^{\frac{\alpha'}{2}}\end{aligned}$$

定理 5.7 假设不可区分性应用 P 在理想模型下是(T',ε)-安全和(T',T,γ)-可模拟的，则

(1) 若 $1<\alpha\leqslant 2$，则 P 在$(m-d)$-real$_\alpha$ 模型下是$\left(T,\left(2^d\cdot\frac{\varepsilon+\gamma}{2}\right)^{1-\frac{1}{\alpha}}\right)$-安全的；

(2) 若 $\alpha>2$，则 P 在$(m-d)$-real$_\alpha$ 模型下是$\left(T,2^{d\cdot\left(1-\frac{1}{\alpha}\right)}\cdot\left(\frac{\varepsilon+\gamma}{2}\right)^{\frac{1}{2}}\right)$-安全的。

证明 令 $\alpha'=\frac{\alpha}{\alpha-1}$。由引理 5.2 可得，$\mathbb{E}[|f_{\mathscr{A}}(U_m)|^2]\leqslant\frac{\varepsilon+\gamma}{2}$。

(1) 若 $1<\alpha\leqslant 2$，则 $\alpha'\geqslant 2$。由于对于任意 $r\in\{0,1\}^m$ 来说都有 $f_{\mathscr{A}}(r)\in\left[-\frac{1}{2},\frac{1}{2}\right]$，从而$\mathbb{E}[|f_{\mathscr{A}}(U_m)|^{\alpha'}]\leqslant\mathbb{E}[|f_{\mathscr{A}}(U_m)|^2]$。因此，$P$ 在理想模型下是(T,σ)-α'次幂安全的，这里$\sigma\leqslant\frac{\varepsilon+\gamma}{2}$。故由推论 5.1 可得定理 5.7(1)成立。

(2) 若 $\alpha>2$，则 $1<\alpha'<2$。由引理 5.5 可得

$$\mathbb{E}[|f_{\mathscr{A}}(U_m)|^{\alpha'}]\leqslant\{\mathbb{E}[|f_{\mathscr{A}}(U_m)|^2]^{\frac{\alpha'}{2}}\leqslant\left(\frac{\varepsilon+\gamma}{2}\right)^{\frac{\alpha'}{2}}$$

因此，P 在理想模型下是(T,σ)-α'次幂安全的，这里 $\sigma\leqslant\left(\frac{\varepsilon+\gamma}{2}\right)^{\frac{\alpha'}{2}}$。故由推论 5.1 可得定理 5.7(2)成立。

5.2.3 方法 1 和方法 2 的综合

把方法 1 和方法 2 结合起来可得以下定理：

定理 5.8 若不可预测性应用 P 在理想模型下是(T,ε)-安全的，则

(1) 若 $1<\alpha\leqslant2$，则 P 在$(m-d)$-real$_\alpha$ 模型下是$\left(T,\min\left(2^{\frac{\alpha m+(\alpha-1)d}{2\alpha-1}}\cdot\varepsilon,(2^d\cdot\varepsilon)^{1-\frac{1}{\alpha}}\right)\right)$-安全的；

(2) 若 $\alpha>2$，则 P 在$(m-d)$-real$_\alpha$ 模型下是$\left(T,\min\left(2^{\frac{m+d}{2}}\cdot\varepsilon,(2^d\cdot\varepsilon)^{1-\frac{1}{\alpha}}\right)\right)$-安全的。

证明 由定理 5.3 和 5.6 易得。

定理 5.9 若不可区分性应用 P 在理想模型下是(T',ε)-安全和(T',T,γ)-可模拟的，则

(1) 若 $1<\alpha\leqslant2$，则 P 在$\left(\frac{(2\alpha-1)\cdot(m-d)}{2\alpha-2}\right)$-real$_\alpha$ 模型下是$(T,\sqrt{2^{d-1}(\varepsilon+\gamma)})$-安全的；在$(m-d)$-real$_\alpha$ 模型下是$\left(T,\left(2^d\cdot\frac{\varepsilon+\gamma}{2}\right)^{1-\frac{1}{\alpha}}\right)$-安全的；

(2) 若 $\alpha>2$，则 P 在$(m-d)$-real$_\alpha$ 模型下是$(T,\sqrt{2^{d-1}(\varepsilon+\gamma)})$-安全的。

证明 由定理 5.4 和 5.7 立即可得。

由于当 $\alpha>2$ 时，有 $2^{\frac{d}{\alpha'}}\cdot\left(\frac{\varepsilon+\gamma}{2}\right)^{\frac{1}{2}}>2^{\frac{d}{2}}\cdot\left(\frac{\varepsilon+\gamma}{2}\right)^{\frac{1}{2}}=\sqrt{2^{d-1}(\varepsilon+\gamma)}$，故定理 5.9 成立。

5.2.4 边信道信息泄露时的基于 Rényi 熵的密码体制的安全性分析

在某些情形下敌手可获得关于密钥的边信息 S。下面研究平均(或有条件)情形下，如何对把定理 5.5 中的不等式进行扩展。类似地，该不等式可用于研究平均情形下的理想模型下的安全性与现实模型下的安全性之间的关系。该不等式如下：

定理 5.10 对于任意实值函数 $f(r,s)$和任意随机变量(R,S)来说，其中$|R|=m$ 且 $H_\alpha(R|S)\geqslant m-d$(这里 $\alpha>1$)，都有

$$|\mathbb{E}[f(R,S)]|\leqslant\{2^d\cdot\mathbb{E}[|f(U_m,S)|^{\frac{\alpha}{\alpha-1}}]\}^{1-\frac{1}{\alpha}}$$

证明　令 $\alpha'=\frac{\alpha}{\alpha-1}$。由定理 2.10 可得

$$\sum_{s}\Pr[S=s]\sum_{r}\Pr[R=r\mid S=s]^{\alpha}=2^{(1-\alpha)H_{\alpha}(R|S)}$$

因此，由引理 5.1 可得

$$|\mathbb{E}[f(R,S)]|=\left|\sum_{s,r}\Pr[S=s]\cdot\Pr[R=r\mid S=s]\cdot f(r,s)\right|$$

$$=2^{m}\cdot\left|\sum_{s,r}\left[\left(\frac{1}{2^{m}}\right)^{\frac{1}{\alpha}}\cdot\Pr[S=s]^{\frac{1}{\alpha}}\cdot\Pr[R=r\mid S=s]\right]\cdot\right.$$

$$\left.\left[\left(\frac{1}{2^{m}}\right)^{\frac{1}{\alpha'}}\cdot\Pr[S=s]^{\frac{1}{\alpha'}}\cdot f(r,s)\right]\right|$$

$$\leqslant 2^{m}\cdot\sqrt[\alpha]{\sum_{s,r}\frac{1}{2^{m}}\cdot\Pr[S=s]\cdot\Pr[R=r\mid S=s]^{\alpha}}\cdot$$

$$\sqrt[\alpha']{\sum_{s,r}\frac{1}{2^{m}}\cdot\Pr[S=s]\cdot|f(r,s)|^{\alpha'}}$$

$$=2^{m}\cdot\sqrt[\alpha]{\frac{1}{2^{m}}\cdot 2^{(1-\alpha)\cdot H_{\alpha}(R|S)}}\cdot\sqrt[\alpha']{\mathbb{E}[|f(U_m,S)|^{\alpha'}]}$$

$$\leqslant 2^{\frac{(1-\alpha)(m-d)}{\alpha}}\cdot\{2^{m}\cdot\mathbb{E}[|f(U_m,S)|^{\alpha'}]\}^{\frac{1}{\alpha'}}$$

$$=\{2^{d}\cdot\mathbb{E}[|f(U_m,S)|^{\alpha'}]\}^{\frac{1}{\alpha'}}$$

$$=\{2^{d}\cdot\mathbb{E}[|f(U_m,S)|^{\frac{\alpha}{\alpha-1}}]\}^{1-\frac{1}{\alpha}}$$

由引理 5.4 和定理 5.10 可容易地验证，当敌手知道边信息 S 时，前面的关于安全性的结果仍成立。

注 5.1　Håstad 等人引入了 HILL 熵的概念，该熵从质量（R' 与已知真实最小熵的 R 的不可区分程度）和数量（R 的真实最小熵的大小）的角度对随机变量 R' 的信息量进行了刻画[50,66]。另外，Hsiao 等人[67]明确地提出了条件 HILL 熵的概念。我们可自然地把（条件）HILL 熵概念中的最小熵替换为 Rényi 熵，从而得到关于扩展的（条件）HILL 熵的一些平行的结果。

5.3　基于扩展的计算熵的密码体制的安全性

Dodis 和 Yu[32]基于最小熵和碰撞熵研究了密码体制的安全性，得到了一些克服弱期望的巧妙结果，这样的熵是信息论意义上的。而在现实中，弱随机分布仅仅能用高效的算法去近似估计。因此，从这个角度，计算熵可看作是用来研究克服弱期望的更好的工具。参考文献[50-51]把信息论意义上的熵扩展为计算意义上的情形。鉴

于 Håstad 等人引入的 HILL 熵[50]的广泛的应用性，本节将利用扩展的 HILL(Expanded HILL，简记为 EHILL)熵来研究如何克服弱期望。把敌手的攻击优势的 circuit 规模视为 EHILL 熵中的 circuit 规模。利用 EHILL 熵探索理想模型和现实模型下安全性之间的关系，并研究其具体应用；还给出当信息泄露(即边信息存在)时，重要的不等式的相应形式。

下面证明：对于所有的不可预测性应用和可模拟的不可区分性应用来说，若切合实际的弱随机密钥能保证足够小的 EHILL 熵的熵缺损，则理想模型下的不可预测密码应用对于现实模型仍然有效，只是参数有微小的改变。在现实模型下的安全水平可以由在理想模型下的安全水平和弱随机密钥的 EHILL 熵的熵缺损来衡量。

定理 5.11 若不可预测性应用 P 在理想模型下是(T,ε)-安全的，则

(1) 若 $1<\alpha\leqslant 2$，则 P 在$(m-d)$-$\mathrm{real}^{\mathrm{EHILL}}_{\alpha,\varepsilon_0,s}$ 模型下是$(T,\min(2^{\frac{\alpha m+(\alpha-1)d}{2\alpha-1}}\cdot\varepsilon,(2^d\cdot\varepsilon)^{1-\frac{1}{\alpha}})+\varepsilon_0)$-安全的；

(2) 若 $\alpha>2$，则 P 在$(m-d)$-$\mathrm{real}^{\mathrm{EHILL}}_{\alpha,\varepsilon_0,s}$ 模型下是$(T,\min(2^{\frac{m+d}{2}}\cdot\varepsilon,(2^d\cdot\varepsilon)^{1-\frac{1}{\alpha}})+\varepsilon_0)$-安全的。

证明 设 $\alpha,\alpha'\in(1,\infty)$且$\frac{1}{\alpha}+\frac{1}{\alpha'}=1$。令 R 为满足 $H^{\mathrm{EHILL}}_{\alpha,\varepsilon_0,s}(R)\geqslant m-d$ 的分布，则存在分布 Y(其中 $H_\alpha(Y)\geqslant m-d$)，使得对于任意 $D\in\mathscr{D}_s^{\mathrm{det},[a,b]}$ 来说，都有 $\delta^D(R,Y)\leqslant\varepsilon_0$。由于 $f\in\mathscr{D}_s^{\mathrm{det},[0,1]}$，因此$|\mathbb{E}[f(R)]-\mathbb{E}[f(Y)]|\leqslant\varepsilon_0$。由定理 5.8 可得

(1) 若 $1<\alpha\leqslant 2$，则$\mathbb{E}[f(Y)]\leqslant\min(2^{\frac{\alpha m+(\alpha-1)d}{2\alpha-1}}\cdot\varepsilon,(2^d\cdot\varepsilon)^{1-\frac{1}{\alpha}})$，从而

$$|\mathbb{E}[f(R)]|\leqslant\min(2^{\frac{\alpha m+(\alpha-1)d}{2\alpha-1}}\cdot\varepsilon,(2^d\cdot\varepsilon)^{1-\frac{1}{\alpha}})+\varepsilon_0$$

(2) 若 $\alpha>2$，则$\mathbb{E}[f(Y)]\leqslant\min(2^{\frac{m+d}{2}}\cdot\varepsilon,(2^d\cdot\varepsilon)^{1-\frac{1}{\alpha}})$，从而

$$|\mathbb{E}[f(R)]|\leqslant\min(2^{\frac{m+d}{2}}\cdot\varepsilon,(2^d\cdot\varepsilon)^{1-\frac{1}{\alpha}})+\varepsilon_0$$

定理 5.12 设 $\alpha,\alpha'\in(1,\infty)$且$\frac{1}{\alpha}+\frac{1}{\alpha'}=1$。假设 P 在理想模型下是(T',s',ε)-安全且$((T',s'),(T,s),\gamma)$-可模拟的，则

(1) 若 $1<\alpha\leqslant 2$，则

- P 在$\left(\frac{(2\alpha-1)\cdot(m-d)}{2\alpha-2}\right)$-$\mathrm{real}^{\mathrm{EHILL}}_{\alpha,\varepsilon_0,s}$ 模型下是$(T,\sqrt{2^{d-1}(\varepsilon+\gamma)}+\varepsilon_0)$-安全的；
- P 在$(m-d)$-$\mathrm{real}^{\mathrm{EHILL}}_{\alpha,\varepsilon_0,s}$ 模型下是$\left(T,\left(2^d\cdot\frac{\varepsilon+\gamma}{2}\right)^{1-\frac{1}{\alpha}}+\varepsilon_0\right)$-安全的。

(2) 若 $\alpha>2$，则 P 在$(m-d)$-$\mathrm{real}^{\mathrm{EHILL}}_{\alpha,\varepsilon_0,s}$ 模型下是$(T,\sqrt{2^{d-1}(\varepsilon+\gamma)}+\varepsilon_0)$-安

全的。

证明　令 R 为满足 $H^{\text{EHILL}}_{\alpha,\varepsilon_0,s}(R)\geqslant m-d$ 的分布，则存在分布 Y（其中 $H_\alpha(Y)\geqslant m-d$），使得对于任意 $D\in\mathscr{D}_s^{\text{det},[a,b]}$ 来说，都有 $\delta^D(R,Y)\leqslant\varepsilon_0$。由于 $f\in\mathscr{D}_s^{\text{det},[0,1]}$，因此 $|\mathbb{E}[f(R)]-\mathbb{E}[f(Y)]|\leqslant\varepsilon_0$。故由定理 5.9 可得结论。

接下来给出上述结论在 CPA-安全的对称加密方案、弱伪随机函数和较弱的可计算抽取器中的应用。

回顾：对于 CPA-安全的对称加密方案来说，敌手的“资源”$T=(t,q)$，这里 t 为敌手的运行时间，q 为敌手 $\mathscr{A}$ 的总的加密询问次数。特别地，允许 $\mathscr{A}$（适应性地）向挑战者 $\mathscr{C}(r)$ 对任意 $q-1$ 条消息 $s_1,\cdots,s_{q-1}$ 进行密钥为 r 的加密询问，（在任意时刻）进行一次“挑战询问”(s_0^*,s_1^*)。对于挑战询问来说，挑战者 $\mathscr{C}(r)$ 均匀随机地选取 $b\in\{0,1\}$，然后返回 $s_b{}^*$ 的加密。最后，敌手 $\mathscr{A}$ 输出一位“b'”，若 $b'=b$，则敌手赢得了该游戏。$\mathscr{A}$ 在密钥 r 上的攻击优势 $f(r)$ 为 $\Pr[b=b']-\dfrac{1}{2}$。

定理 5.13　令 $\alpha,\alpha'\in(1,\infty)$ 且 $\dfrac{1}{\alpha}+\dfrac{1}{\alpha'}=1$。假设 P 在理想模型下是一个 $((2t,2q),s',0)$-CPA 安全的对称加密方案，则

(1) 若 $1<\alpha\leqslant 2$，则

- P 在 $\left(\dfrac{(2\alpha-1)\cdot(m-d)}{2\alpha-2}\right)$-$\text{real}^{\text{EHILL}}_{\alpha,\varepsilon_0,s}$ 模型下是 $\left((t,q),s,\sqrt{2^{d-1}(\varepsilon+\gamma)}+\varepsilon_0\right)$-安全的；
- P 在 $(m-d)$-$\text{real}^{\text{EHILL}}_{\alpha,\varepsilon_0,s}$ 模型下是 $\left((t,q),s,\left(2^d\cdot\dfrac{\varepsilon+\gamma}{2}\right)^{1-\frac{1}{\alpha}}+\varepsilon_0\right)$-安全的。

(2) 若 $\alpha>2$，则 P 在 $(m-d)$-$\text{real}^{\text{EHILL}}_{\alpha,\varepsilon_0,s}$ 模型下是 $\left((t,q),s,\sqrt{2^{d-1}(\varepsilon+\gamma)}+\varepsilon_0\right)$-安全的。

证明　由定理 5.12 可得。

定义 5.8　令函数族 $\mathscr{H}\overset{\text{def}}{=\!=}\{h_r:\{0,1\}^n\to\{0,1\}^l\mid r\in\{0,1\}^m\}$ 为 $((t,q),s,\delta)$-安全的弱伪随机函数，若对于任意攻击优势的 circuit 规模为 s，运行时间的上界为 t 的攻击者 $\mathscr{A}$，随机值 $x,x_1,\cdots,x_{q-1}\leftarrow U_n$ 及 $r\leftarrow U_m$ 来说，都有

$$\Delta_{\mathscr{A}}(\mathrm{h_r(x)},\mathrm{U_l}\mid \mathrm{x},\mathrm{x_1},\mathrm{h_r(x_1)},\cdots,\mathrm{x_{q-1}},\mathrm{h_r(x_{q-1})})\leqslant\delta$$

这里的弱伪随机函数在本质上与参考文献[32]中的定义相比只多了参数 s。与 CPA-安全的对称加密方案类似，易知这里的弱伪随机函数是 $(((2t,2q),s'),((t,q),s),0)$-可模拟的。由定理 5.12 可得以下定理。

定理 5.14　令 $\alpha,\alpha'\in(1,\infty)$ 且 $\dfrac{1}{\alpha}+\dfrac{1}{\alpha'}=1$。假设 P 在理想模型下是一个 $((2t,2q),s',\delta)$-安全的弱伪随机函数，则

(1) 若 $1<\alpha\leqslant 2$，则

- P 在$\left(\frac{(2\alpha-1)\cdot(m-d)}{2\alpha-2}\right)$-$\mathrm{real}_{\alpha,\varepsilon_0,s}^{\mathrm{EHILL}}$ 模型下是$((t,q),s,\sqrt{2^{d-1}(\varepsilon+\gamma)}+\varepsilon_0)$-安全的；
- P 在$(m-d)$-$\mathrm{real}_{\alpha,\varepsilon_0,s}^{\mathrm{EHILL}}$ 模型下是$\left((t,q),s,\left(2^d\cdot\frac{\varepsilon+\gamma}{2}\right)^{1-\frac{1}{\alpha}}+\varepsilon_0\right)$-安全的。

(2) 若 $\alpha>2$，则 P 在$(m-d)$-$\mathrm{real}_{\alpha,\varepsilon_0,s}^{\mathrm{EHILL}}$ 模型下是$((t,q),s,\sqrt{2^{d-1}(\varepsilon+\gamma)}+\varepsilon_0)$-安全的。

抽取器在密钥生成、弹性泄露加密以及 BPP(Bounded-error,Probabilistic,Polynomial time)算法的去随机化等领域有着广泛的应用，不过在计算意义上，对于它的存在性仍有大量工作要做。因此，本章引入抽取器的扩展定义。

定义 5.9 称高效的函数 $E_{\mathrm{wc}}:\{0,1\}^m\times\{0,1\}^n\to\{0,1\}^l$ 是一个$(k,H_{\alpha,\varepsilon_0,s}^{\mathrm{EHILL}},\varepsilon)$-较弱的可计算抽取器，若对于满足 $H_{\alpha,\varepsilon_0,s}^{\mathrm{EHILL}}(R)\geqslant k$ 的$\{0,1\}^m$ 上的任意分布 R，$\{0,1\}^n$ 上的均匀分布 S，以及任意 $D\in\mathscr{D}_s^{\mathrm{ran},[0,1]}$ 来说，都有 $\delta^D(E_{\mathrm{wc}}(R;S),U_l|S)\leqslant\varepsilon$，这里 $\alpha\geqslant0$，$\alpha\neq1$，且 $S\leftarrow U_n$ 为 E_{wc} 的随机种子。值 $L=k-l$ 称为 E_{wc} 的熵缺损。

注 5.2 参考文献[82]已研究了抽取器和弱可计算抽取器。从本质上说，可计算抽取器是一个把具有足够强的最小熵的密钥和随机种子映射为输出的函数，其中输出与随机种子的联合分布应该在计算意义上与均匀分布是不可区分的。一个弱可计算抽取器有相似的定义，不过只要求函数的输出（不含种子）与均匀分布是不可区分的。在本章中，仅要求输出与随机种子构成的联合分布和均匀分布的计算距离的上界为 ε，在这个意义上，函数的输出限制进一步放宽。

推论 5.2 设 $\alpha,\alpha'\in(1,\infty)$且$\frac{1}{\alpha}+\frac{1}{\alpha'}=1$。若 $\mathscr{H}\overset{\mathrm{def}}{=\!=}\{h_r:\{0,1\}^n\to\{0,1\}^l\mid r\in\{0,1\}^m\}$在理想模型下是$((2t,2),s',\delta)$-安全的弱伪随机函数，则

(1) 若 $1<\alpha'<2$，则有

(1.1) $E_{\mathrm{wc}}(r;z)\overset{\mathrm{def}}{=\!=}h_r(z)$在$\left(\frac{(2\alpha-1)\cdot(m-d)}{2\alpha-2}\right)$-$\mathrm{real}_\alpha$ 模型下是$((t,1),s,\sqrt{2^{d-1}(\varepsilon+\gamma)}+\varepsilon_0)$-安全的，相应地，$E_{\mathrm{wc}}(r;z)$是一个$\left(\frac{(2\alpha-1)\cdot(m-d)}{2\alpha-2},H_{\alpha,\varepsilon_0,s}^{\mathrm{EHILL}},\sqrt{2^{d-1}(\varepsilon+\gamma)}+\varepsilon_0\right)$-较弱的可计算抽取器。

(1.2) $E_{\mathrm{wc}}(r;z)\overset{\mathrm{def}}{=\!=}h_r(z)$ 在 $(m-d)$-real_α 模型下是$\left((t,1),s,\left(2^d\cdot\frac{\varepsilon+\gamma}{2}\right)^{1-\frac{1}{\alpha}}+\varepsilon_0\right)$-安全的，相应地，$E_{\mathrm{wc}}(r;z)$是一个$\left(m-d,\left(2^d\cdot\frac{\varepsilon+\gamma}{2}\right)^{1-\frac{1}{\alpha}}+\varepsilon_0\right)$-较弱的可计算抽取器。

(2) 若 $\alpha>2$，则 P 在$(m-d)$-real_α 模型下是$(T,\sqrt{2^{d-1}(\varepsilon+\gamma)}+\varepsilon_0)$-安全的，相

应地，$E_{\mathrm{wc}}(r;z)$是一个$(m-d, H^{\mathrm{EHILL}}_{\alpha,\varepsilon_0,s}, \sqrt{2^{d-1}(\varepsilon+\gamma)}+\varepsilon_0)$-较弱的可计算抽取器。

下面给出考虑扩展的计算熵时，与定理 5.10 类似的定理。

定理 5.15　设$\alpha,\alpha'\in(1,\infty)$且$\frac{1}{\alpha}+\frac{1}{\alpha'}=1$，则对于任意 circuit 规模为$s_0$的实值函数$f(r,s)$及任意随机变量$(R,S)$来说，其中$|R|=m$且$H^{\mathrm{EHILL}}_{\alpha,\varepsilon_0,s_0}(R|S)\geqslant m-d$，都有

$$|\mathbb{E}[f(R,S)]|\leqslant\{2^d\cdot\mathbb{E}[|f(U_m,S)|^{\alpha'}]\}^{\frac{1}{\alpha'}}+\varepsilon_0$$

证明　由于$H^{\mathrm{EHILL}}_{\alpha,\varepsilon_0,s_0}(R|S)\geqslant m-d$，故存在联合分布$(Z,S)$使得

$$H_\infty(Z\mid S)\geqslant m-d$$

且对于任意$D\in\mathscr{D}_s^{\mathrm{rand},[0,1]}$来说，都有

$$\delta^D((R,S),(Z,S))\leqslant\varepsilon_0$$

由定理 5.10 可得，$|\mathbb{E}[f(Z,S)]|\leqslant\{2^d\cdot\mathbb{E}[|f(U_m,S)|^{\alpha'}]\}^{\frac{1}{\alpha'}}$。

由于$f\in\mathscr{D}_s^{\mathrm{rand},[a,b]}$，故$|\mathbb{E}[f(Z,S)]-\mathbb{E}[f(R,S)]|\leqslant\varepsilon_0$。因此，

$$|\mathbb{E}[f(R,S)]|\leqslant|\mathbb{E}[f(Z,S)]|+\varepsilon_0\leqslant\{2^d\cdot\mathbb{E}[|f(U_m,S)|^{\alpha'}]\}^{\frac{1}{\alpha'}}+\varepsilon_0$$

5.4　基于 Rényi 熵的密钥生成函数

考虑密码学原语P，该P利用长度为m的R作为密钥。我们知道，现实模型下应用P的安全性的上界部分地由熵缺损来决定。

在多数情况下仅能获得长度为n的弱随机密钥X和长度为d的服从均匀分布的公开种子S。因此，我们需要首先利用某密钥生成函数$h:\{0,1\}^n\times\{0,1\}^d\to\{0,1\}^m$计算出$R=h(X,S)$，以保证生成的密钥$h(X)$能被$P$安全地使用。这里的密钥生成函数只需是一个好的 condenser 而不必为抽取器[32,83-84]。也就是说，$R=h(X,S)$只需有小的熵缺损，而不需要使其在统计意义上接近于均匀分布。

2013 年，Dodis 和 Yu 利用通用散列函数族、两两相互独立的哈希函数族及长度翻倍伪随机数生成器(Pseudo Random Generator，PRG)研究了密钥生成函数[32]。不过，参考文献[32]中只研究了碰撞熵。该部分利用本章中发现的碰撞熵与其他 Rényi 熵之间的关系以及前面的安全性结果来扩展[32]。

1. 基于通用散列(universal hashing)函数族的密钥生成函数

下面利用特殊的 condenser(即通用散列函数族)来获得密钥生成函数。

定义 5.10　令$c,c'\geqslant1$。一个高效的函数 Cond：$\{0,1\}^n\times\{0,1\}^d\to\{0,1\}^m$是一个$([H_c\geqslant k]\to_\varepsilon[H_{c'}\geqslant k'])$-condenser，若对于任意从熵为$H_c(X)\geqslant k$的分布中取样的敌手来说，联合分布$(\mathrm{Cond}(X;S),S)$在统计意义上$\varepsilon$-接近于分布$(R,S)$，其中$H_{c'}(R|S)\geqslant k'$，且种子$S\in\{0,1\}^d$与$X$独立。当$\varepsilon=0$时，$([H_c\geqslant k]\to_\varepsilon[H_{c'}\geqslant$

$k']$)-condenser 可简记为($[H_c \geqslant k] \to [H_{c'} \geqslant k']$)-condenser。

引理 5.6 （见参考文献[32]）假设 $\mathcal{G}=\{g_s:\{0,1\}^n \to \{0,1\}^m \mid s\in\{0,1\}^v\}$ 是一个通用散列函数族，则 $\mathrm{Cond}(x;s) \xlongequal{\text{def}} g_s(x)$ 是一个($[H_2 \geqslant k] \to [H_2 \geqslant m-d]$)-condenser，这里 $2^d=1+2^{m-k}$。

下面给出理想模型和现实模型之间的联系。

定理 5.16 令 $\alpha'>1$ 且 $2^d=1+2^{m-k}$。假设 P 在理想模型下是 (T,σ)-α' 次幂安全的。当 P 利用引理 5.6 中的 $g_S(X)$ 作为密钥 R 时，有

(1) 若 $c\geqslant 2$ 且 $\alpha'\geqslant 2$，则 P 在 (k,m)-real_c 模型下是 $\left(T,(2^d\cdot\sigma)^{\frac{1}{\alpha'}}\right)$-安全的；

(2) 若 $c\geqslant 2$ 且 $1<\alpha'<2$，则 P 在 (k,m)-real_c 模型下是 $\left(T,2^{\frac{d+m}{2\alpha'}}\cdot\sigma^{\frac{1}{\alpha'}}\right)$-安全的；

(3) 若 $1<c<2$ 且 $\alpha'\geqslant 2$，则 P 在 $\left(\dfrac{(2c-1)\cdot k}{2c-2},m\right)$-$\mathrm{real}_c$ 模型下是 $\left(T,(2^d\cdot\sigma)^{\frac{1}{\alpha'}}\right)$-安全的；

(4) 若 $1<c<2$ 且 $1<\alpha'<2$，则 P 在 $\left(\dfrac{(2c-1)\cdot k}{2c-2},m\right)$-$\mathrm{real}_c$ 模型下是 $\left(T,2^{\frac{d+m}{2\alpha'}}\cdot\sigma^{\frac{1}{\alpha'}}\right)$-安全的。

证明 (1) 令 $\alpha=\dfrac{\alpha'}{\alpha'-1}$。由 $H_2(X)\geqslant H_c(X)\geqslant k$ 和引理 5.6 可得，$H_2(R\mid S)\geqslant m-d$。由 $\alpha'\geqslant 2$ 可得 $1<\alpha\leqslant 2$。因此，$H_\alpha(R\mid S)\geqslant H_2(R\mid S)\geqslant m-d$。由定理 5.10 可得

$$|\mathbb{E}[f(R,S)]|\leqslant\{2^d\cdot\mathbb{E}[|f(U_m,S)|^{\alpha'}]\}^{\frac{1}{\alpha'}}\leqslant(2^d\cdot\sigma)^{\frac{1}{\alpha'}}$$

相应地，当密钥为 $R=g_S(X)$ 时，P 在 (k,m)-real_c 模型下是 $\left(T,(2^d\cdot\sigma)^{\frac{1}{\alpha'}}\right)$-安全的。

(2) 令 $\alpha=\dfrac{\alpha'}{\alpha'-1}$。由 $H_2(X)\geqslant H_c(X)\geqslant k$ 和引理 5.6 可得，$H_2(R\mid S)\geqslant m-d$。由 $2H_\infty(R\mid S)\geqslant H_2(R\mid S)\geqslant m-d$ 可得，$H_\alpha(R\mid S)\geqslant H_\infty(R\mid S)\geqslant\dfrac{m-d}{2}$。所以

$$\begin{aligned}|\mathbb{E}[f(R,S)]|&=\left|\sum_{s,r}\Pr[S=s]\cdot\Pr[R=r\mid S=s]\cdot f(r,s)\right|\\&\leqslant 2^m\cdot\sqrt[\alpha]{\sum_{s,r}\frac{1}{2^m}\cdot\Pr[S=s]\cdot\Pr[R=r\mid S=s]^\alpha}\cdot\\&\qquad\sqrt[\alpha']{\sum_{s,r}\frac{1}{2^m}\cdot\Pr[S=s]\cdot|f(r,s)|^{\alpha'}}\end{aligned}$$

$$=2^m\cdot\sqrt[\alpha]{\frac{1}{2^m}\cdot 2^{(1-\alpha)\cdot H_\alpha(R|S)}}\cdot\sqrt[\alpha']{\mathbb{E}[|f(U_m,S)|^{\alpha'}]}$$

$$=2^{\frac{(\alpha-1)(d+m)}{2\alpha}}\cdot\sigma^{\frac{1}{\alpha'}}$$

因此，P 在(k,m)-real_c 模型下是$\left(T,2^{\frac{d+m}{2\alpha'}}\cdot\sigma^{\frac{1}{\alpha'}}\right)$-安全的。

(3)～(4) 由于 $H_c(X)\geqslant\frac{(2c-1)\cdot k}{2c-2}$，从而由引理 5.3 可得，$H_2(X)\geqslant\left(1-\frac{1}{2c-1}\right)\cdot\frac{(2c-1)\cdot k}{2c-2}=k$。因此，利用引理 5.6，与(1)和(2)相似，可得结论。

定理 5.17　令 $2^d=1+2^{m-k}$。假设不可区分性应用 P 在理想模型下是(T',ε)-安全和(T',T,γ)-可模拟的。当 P 以引理 5.6 中的 $g_S(X)$为密钥 R 时，有

(1) 若 $c\geqslant 2$，则 P 在(k,m)-real_c 模型下是$(T,\sqrt{2^{d-1}(\varepsilon+\gamma)})$-安全的；

(2) 若 $1<c<2$，则 P 在$\left(\frac{(2c-1)\cdot k}{2c-2},m\right)$-$\mathrm{real}_c$ 模型下是$\left(T,\sqrt{2^{d-1}(\varepsilon+\gamma)}\right)$-安全的。

证明　(1) 由 $H_2(X)\geqslant H_c(X)\geqslant k$ 和引理 5.6 可得，$H_2(R|S)\geqslant m-d$。因此，由定理 5.9 可得，P 在(k,m)-real_c 模型下是$(T,\sqrt{2^{d-1}(\varepsilon+\gamma)})$-安全的。

(2) 由 $H_c(X)\geqslant\frac{(2c-1)\cdot k}{2c-2}$ 和引理 5.3 可得，$H_2(X)\geqslant\left(1-\frac{1}{2c-1}\right)\cdot\frac{(2c-1)\cdot k}{2c-2}=k$。因此，由引理 5.6 可得，$H_2(R|S)\geqslant m-d$。故由定理 5.9 可得，$P$ 在$\left(\frac{(2c-1)\cdot k}{2c-2},m\right)$-$\mathrm{real}_c$ 模型下是$(T,\sqrt{2^{d-1}(\varepsilon+\gamma)})$-安全的。

注 5.3　为了得到从 n 位到 m 位的密钥生成函数，我们可利用通用散列函数族 $\mathcal{G}=\{g_s:\{0,1\}^n\to\{0,1\}^m|s\in\{0,1\}^v\}$，并用 $g_S(X)$来代替弱随机密钥 X。

2. 基于 PRG 和两两相互独立的哈希函数族的密钥生成函数

下面利用长度翻倍 PRG 和任意一个两两相互独立的哈希函数族来构造密钥生成函数。

定义 5.11　(见参考文献[32])一个伪随机数生成器 $G:\{0,1\}^m\to\{0,1\}^{2m}$ 是$(2t,\varepsilon_{\mathrm{prg}})$-安全的，若对于任意运行时间上界为 $2t$ 的敌手 $\mathcal{A}$ 来说，都有

$$\Delta_{\mathcal{A}}(G(U_m),U_{2m})\overset{\mathrm{def}}{=\!=}|\Pr[\mathcal{A}(G(U_m))=1]-\Pr[\mathcal{A}(U_{2m})=1]|\leqslant\varepsilon_{\mathrm{prg}}$$

令 $\mathcal{H}=\{h_y:\{0,1\}^p\to\{0,1\}^m|y\in\{0,1\}^{2m}\}$为两两相互独立的哈希函数族(例如 $h_y(s)=h_{(a,b)}(s)=a\cdot s+b$)，其中 $p\leqslant m$。利用伪随机数生成器 $G:\{0,1\}^m\to\{0,1\}^{2m}$，把密钥为 $x\in\{0,1\}^m$ 的函数 $h'_x:\{0,1\}^p\to\{0,1\}^m$ 定义为 $h'_x(s)=h_{G(x)}(s)$。

定理 5.18　令 $\alpha,\alpha'\in(1,\infty)$且$\frac{1}{\alpha}+\frac{1}{\alpha'}=1$。假设 G 为$(2t,\varepsilon_{\mathrm{prg}})$-安全且 $\mathcal{H}$ 是两

两相互独立的哈希函数族。令 $\mathscr{H}'=\{h'_x:\{0,1\}^p\to\{0,1\}^m \mid x\in\{0,1\}^m\}$(其中 $h'_x(s)=h_{G(x)}(s)$)为从 m 位到 m 位的密钥生成函数族,其中 s 是公开的,则任意在理想模型下(T,ε)-安全的应用 P 利用生成的密钥 $R=h'_X(S)$ 可实现:

(1) $\left(\frac{(2\alpha-1)\cdot(m-d)}{2\alpha-2},m\right)$-real$_\alpha$ 模型下的$\left((\infty,1),\sqrt{2^{d-1}(\varepsilon_{prg}+2^{-p})}+\varepsilon\right)$-安全性和$(m-d,m)$-real$_\alpha$ 模型下的$\left((\infty,1),\left(2^d\cdot\frac{\varepsilon_{prg}+2^{-p}}{2}\right)^{\frac{1}{\alpha'}}+\varepsilon\right)$-安全性,其前提条件是 $1<\alpha\leqslant 2$;

(2) $(m-d,m)$-real$_\alpha$ 模型下的$\left((\infty,1),\sqrt{2^{d-1}(\varepsilon_{prg}+2^{-p})}+\varepsilon\right)$-安全性,其前提条件是 $\alpha>2$。

证明 由参考文献[32]可得,$\mathscr{H}$ 是$((\infty,2),2^{-p})$-安全的弱伪随机函数族。因此,$\mathscr{H}'$ 是在理想模型下$((\infty,2),\varepsilon_{prg}+2^{-p})$-安全的弱伪随机函数族。由于 $\mathscr{H}'$ 是$(T'=(\infty,2),T=(\infty,1),\gamma=0)$-可模拟的,由定理 5.9 可得

(1) 若 $1<\alpha\leqslant 2$,则 $\mathscr{H}'$ 在$(m-d)$-real$_\alpha$ 模型下是$\left((\infty,1),\left(2^d\cdot\frac{\varepsilon_{prg}+2^{-p}}{2}\right)^{\frac{1}{\alpha'}}\right)$-安全的;在$\left(\frac{(2\alpha-1)\cdot(m-d)}{2\alpha-2}\right)$-real$_\alpha$ 模型下是$\left((\infty,1),\sqrt{2^{d-1}(\varepsilon_{prg}+2^{-p})}\right)$-安全的;

(2) 若 $\alpha>2$,则 $\mathscr{H}'$ 在$(m-d)$-real$_\alpha$ 模型下是$\left((\infty,1),\sqrt{2^{d-1}(\varepsilon_{prg}+2^{-p})}\right)$-安全的。

从而可得该结论。

5.5 具体应用

上述结果可适用于所有的不可预测性应用(例如单向函数、消息认证码、数字签名)以及“square-friendly”不可区分性应用。对于“square-friendly”不可区分性应用来说,Dodis 和 Yu 给出了其在 CPA-安全的对称加密方案、弱伪随机函数、抽取器以及非延展抽取器中的应用[32]。若用 Rényi 熵代替碰撞熵来衡量弱随机密钥的信息量,我们可利用定理 5.9 获得相似的结果。这里仅给出考虑密钥生成函数时,本章结论在 CPA-安全的对称加密方案中的应用。

定理 5.19 令 $\alpha,\alpha'\in(1,\infty)$ 且 $\frac{1}{\alpha}+\frac{1}{\alpha'}=1$。假设 P 是在理想模型下$((2t,2q),\varepsilon)$-CPA 安全的对称加密方案,则

(1) 当 P 以引理 5.6 中的 $g_S(X)$ 为密钥 R 时,假设 $2^d=1+2^{m-k}$,则有:若 $\alpha>2$,则 P 在(k,m)-real$_\alpha$ 模型下是$\left((t,q),\sqrt{2^{d-1}\cdot\varepsilon}\right)$-安全的;若 $1<\alpha\leqslant 2$,则 P 在

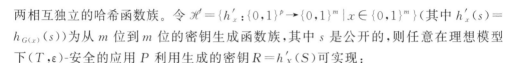

$\left(\frac{(2\alpha-1)\cdot k}{2\alpha-2},m\right)$-real$_\alpha$ 模型下是$\left((t,q),\sqrt{2^{d-1}\cdot\varepsilon}\right)$-安全的。

(2) 当 P 以定理 5.18 中的 $h'_X(S)$ 为密钥 R 时，则有：若 $1<\alpha\leqslant 2$，则 P 在 $\left(\frac{(2\alpha-1)\cdot(m-d)}{2\alpha-2},m\right)$-real$_\alpha$ 模型下满足$\left((\infty,1),\varepsilon+\sqrt{2^{d-1}(\varepsilon_{prg}+2^{-p})}\right)$-安全性，在$(m-d,m)$-real$_\alpha$ 模型下满足$\left((\infty,1),\left(2^d\cdot\frac{\varepsilon_{prg}+2^{-p}}{2}\right)^{\frac{1}{\alpha'}}+\varepsilon\right)$-安全性；若$\alpha>2$，则 P 在$(m-d,m)$-real$_\alpha$ 模型下满足$\left((\infty,1),\sqrt{2^{d-1}(\varepsilon_{prg}+2^{-p})}+\varepsilon\right)$-安全性。

5.6　本章小结

在理想世界中，密码学原语密钥服从均匀分布。然而，在现实世界中，我们仅能获得一些具有高不可预测性的弱随机源(例如生物数据、物理源、部分泄露的密钥等)。正式地，密码学原语的安全性用某个函数的期望来衡量，在理想模型中称为完美期望，在现实模型中称为弱期望。本章得到一些不等式，此不等式表明，当熵缺损充分小时，弱期望比完美期望差不了多少。不像参考文献[32]那样，仅仅基于最小熵和碰撞熵来研究，本章基于 Rényi 熵和扩展的计算熵来研究如何克服弱期望。因此，本章的结果更一般。本章利用两种方法来实现这一目标：一种方法是通过找碰撞熵与另一种熵的新关系来实现；另一种方法是通过挖掘不同阶矩之间的关系来实现。这两种方法均以 Hölder 不等式作为基本的工具。特别地，当考虑扩展的计算熵时，本章还给出了其结果在 CPA-安全的对称加密算法、弱伪随机函数及较弱的可计算抽取器中的应用。进一步，本章利用通用散列函数族、PRG 以及两两相互独立的哈希函数族基于 Rényi 熵来扩展密钥生成函数。本章还研究了当考虑密钥生成函数时它们在密码学原语的安全性中的应用。这些结果可适用于所有的不可预测性应用及包括 CPA-安全的对称加密算法在内的“square-friendly”不可区分性应用。

第6章 基于互信息的传统隐私和差分隐私机制的安全性

本章从 α-互信息的角度研究各种隐私体制的安全性，包括传统的隐私（如种子提取器、加密、承诺和秘密共享方案）和差异隐私机制[102]。据我们所知，学者们利用基于香农熵的互信息，对加密方案、承诺和差分隐私进行了研究。虽然 Bellare 等人[85]在 CRYPTO 2012 中得到了一些关于加密方案的结果，但是互信息的上界并不是最紧的。虽然 Cuff 和 Yu[86]在 CCS 2016 中提到了利用 Rényi 熵对其进行推广的研究方向，但是关于差分隐私的结果很少，即使对于香农熵，已有的证明也有一定的局限性。

与以前的工作集中在一个具体的方案不同，本章提出了一个模块化和统一的框架来研究一系列隐私方案的统计安全和互信息安全之间的关系。此外，本章利用 Rényi 熵为一系列隐私方案引入了 α-互信息安全的概念，旨在弥合统计安全与 α-互信息安全之间的差距。利用两个分布的香农熵之差的改进上界、函数的凸性、统计距离的有用等价表示以及 α-范数的绝对齐次性质，本章得到了它们本质上等价的严格证明。另外，本章改进了加密和承诺方案的互信息安全与统计安全之间的关系。因此，隐私安全的两种不同的定义是有本质联系的。

6.1 引言

窃听信道是一个用户信息论安全下进行数据通信的信道，唯一的假设是，从发送者到敌手的通道比从发送方到接收方的通道有更多噪声。自从 Csiszár、Körner[87]和 Wyner[88]于 20 世纪 70 年代末引入该信道以来，随着现代密码学的发展，基于这种信道的理论已在信息论和编码（I&C）领域发展开来。近年来，无线网络中的窃听设置引起了人们的广泛关注。这一领域的一个重要目标是在信息理论和密码处理之间架起桥梁。从本质上讲，即使设置不是窃听通道，研究基于距离和基于熵的安全度量之间的关系仍然是有价值和有意义的。

对于加密方案，Bellare 等人[85]利用 Pinsker 不等式得到：由互信息安全可推导出统计安全；相反地，利用互信息与统计距离之间的一般关系得到：由统计安全可推导出互信息安全，其中互信息安全定义为 $\mathrm{Adv}^{\mathrm{mis}}(\varepsilon;\mathrm{ChA})=\max_M I_1(M;\mathrm{ChA}(\varepsilon(M)))$，这

里 I_1 表示基于香农熵的互信息，ChA 表示敌手信道，$\varepsilon:\{0,1\}^M \to \{0,1\}^\lambda$ 表示加密函数。同时，人们利用类似于 Bellare 等人[85]的技术，分别在密钥协商[89]和统计隐私承诺[90]的背景中探索基于距离和基于熵的安全度量之间的关系。此外，对于统计安全对称加密来说，Iwamoto 和 Ohta[91]研究了一些不同的不可分辨概念之间的关系。Zhang[92]用统计距离研究了互信息的上界，其结果优于参考文献[85]的结果。然而，Zhang 的结果并没有用于改进参考文献[85,89-90]中研究的上界。

作为一种精确的数学约束工具，差分隐私的目的是确保数据库中每个用户的个人信息隐私，即使在数据库中的聚合信息被查询和揭示。换句话说，任何两个相邻的数据库只有一个条目不同，根据概率度量，它们在统计上是不可区分的。到目前为止，参考文献[86,93-98]等已研究了基于互信息的差异隐私。2010 年，McGregor 等人[93]给出了对于差分隐私的互信息的上界。后来，De[94]利用这个上界得到 $I(X^n, Y) \leqslant 3\epsilon^n$，其中 X^n 是一个包含 n 个条目的数据库，Y 是一个以 X^n 作为输入数据库的差分私机制的输出。同时，人们[95-96]用最小熵代替一般的香农熵提出并证明了一个上界。最近，Wang 等人[98]引入了“互信息隐私”度量的概念，并对其进行了研究。与以上基于无条件互信息的结果不同，在 2016 年，Cuff 和 Yu[86]利用条件互信息来研究差异隐私，其中潜在的敌手知道数据库的一些先验知识，并给出了隐私的等价定义，使不同隐私的一些微妙之处一目了然。虽然 Cuff 和 Yu[86]提出了利用 Rényi 熵对差分隐私安全性进行推广的研究方向，但得到的结果很少，即使对于香农熵，参考文献[86]中的证明也不容易理解。

众所周知，熵是用来量化分布的随机性或不确定性的工具。对于密码学来说，香农熵通常不是“正确”的概念选择，因为可以构造具有较高的香农熵的病态分布，但这种分布对密码算法无用(详情请参阅预备部分)。两种主要的熵为最小熵和碰撞熵[17,32]。然而，与碰撞熵相比，最小熵对源的随机性的限制更强。用 Rényi 熵来统一两者是兼具理论趣味和现实意义的事情[42]，这是由于 Rényi 熵包括最小熵、香农熵、碰撞熵及一些其他的熵，是熵的更一般的概念。此外，一些参考文献[43-44]提出了它与特殊熵(例如碰撞熵)相比的优势。因此，利用 Rényi 熵来扩展已有的结果是有意义和有价值的。

α-互信息的概念是使用 Rényi 信息度量对互信息进行的一般化推广。最常见的泛化方法是由 Arimoto、Csiszár 和 Sibson 提出的(见参考文献[86,99])。本章中的 α-互信息是由 Arimoto[100]定义的。

本章的贡献和技术

与已有的集中于研究特定的方案(例如加密方案、差分隐私方案、承诺方案)的工作[85-86,90,101]不同，本章中提出了一个模块化和统一的框架，来研究一系列的隐私方案的统计安全和互信息安全之间的关系[102]。上述想法部分得益于 Dodis 等人[17,22-23]的启发，他们在一个通用框架下考虑了提取器、加密、承诺、秘密共享和差异隐私。另外，我们通过 Rényi 熵引入了一系列隐私方案的 α-互信息安全的概念，并在一个模块化和统一的框架下研究了统计安全与 α-互信息安全之间的关系[102]。我们严格证明了它们本质上的等价性，因此两种定义隐私安全的根本不同的方法是相联系的[102]。下面简要地扩展我们的贡献和技术。

加密函数为 $\text{Enc}:\{0,1\}^m\times\{0,1\}^n\to\{0,1\}^\lambda$ 的加密方案的 α-互信息安全性定义为 $\text{Adv}^{\text{mis}}(\text{Enc})=\max_M I_\alpha(M,\text{Enc}(M,R))$，其中最大值是考虑 $\{0,1\}^m$ 上的所有可能分布得到的。需要注意的是，这里我们不考虑敌手信道 ChA，原因之一是 $I_\alpha(M,\text{ChA}(\text{Enc}(M)))\leqslant I_\alpha(M,\text{Enc}(M))$ 总成立。类似地，我们定义了种子提取器、弱位承诺、秘密共享和差异隐私的 α-互信息安全性。

本章引入了一个模块化和统一的框架来说明在某些参数约束下统计安全意味着互信息安全。虽然 Bellare 等人[85]已得到了一些结果，但它们的界不是最紧的。本章将参考文献[83]中的证明思想抽象到更一般的隐私方案中，并采用 Zhang[92]提出的更优的边界。

此外，本章引入了一个模块化和统一的框架来说明在某些参数约束下 α-互信息安全（$\alpha=1$ 作为一个特殊情况）意味着统计安全。虽然 Cuff 和 Yu[86]已观察到$(\mathcal{R}_n,\delta)$-互信息安全差分隐私意味着$(1-2H_1^{-1}(\ln 2-\delta))$-差分隐私，但证明思想有一些局限性，本章使用一些技术来克服这些局限。具体如下：

- 参考文献[86]引入一个互补的二进制信道来构造一个二进制对称信道。对于二进制信道，这很容易理解。然而，如果信道是非二进制的，可以做什么？受到这个问题的启发，我们重新审视了信道容量。与利用 $I(X,Y)$的凸性和互补通道不同，本章使用函数 $S(X,Y)\overset{\text{def}}{=\!=}X\log\dfrac{X}{Y}$ 的凸性。我们发现原始的非二进制信道容量仍以二进制对称信道的容量为下限。
- 不采用参考文献[86]中的数据处理不等式，该式固定了一个可测量的子集，其含义不清楚，这里我们使用一个关于统计距离的事实。更准确地说，我们采用等式 $\text{SD}(Y,Y')=\max_{\text{Eve}}|\Pr[\text{Eve}(Y)=1]-\Pr[\text{Eve}(Y')=1]|$，其中 Y 和 Y'是$\{0,1\}^\lambda$ 上的两个分布。
- 当我们将基于香农熵的结果扩展到基于 Rényi 熵的对应结果时，我们利用 α-模而不是利用"函数 $\mu(\boldsymbol{V})=\|\boldsymbol{V}\|_\alpha$ 是一个凸函数当且仅当函数 μ 的 Hesse 矩阵是半正定的"这一事实来简化证明，因此省略了 Hesse 矩阵的计算。

基于以上思路，我们得到如下结果：

结果 1 如果一个隐私方案（即加密、种子提取器、弱位承诺、T-秘密共享、差分隐私）P 是$(\mathcal{R}_n,\delta)$-统计安全的且 $0<\delta\leqslant 1-\dfrac{1}{2^\lambda}$，其中 λ 是相应方案的输出长度，则 P 为$(\mathcal{R}_n,\delta\log(2^\lambda-1)+H_1(\delta))$-互信息安全的（详见定理 6.3～定理 6.7）。

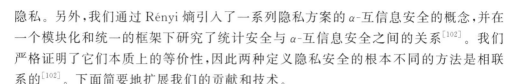

结果 2 如果一个隐私方案（即加密、种子提取、弱位承诺、T-秘密共享、差分隐

私)P为$(\mathcal{R}_n,\delta)$-α-互信息安全的且$0<\delta<1$,则P为$(\mathcal{R}_n,1-2H_\alpha^{-1}(1-\delta))$-统计安全的(请参见定理6.11)。

另一个成果是改进了加密和承诺方案的互信息安全与统计安全之间的关系。

简单地说,本章严格证明了它们本质上的等价性,因此两种根本上不同的定义隐私安全的方法是相互联系的。

6.2　预备知识

对于正整数n,我们使用符号$[n]$来表示集合$\{1,2,\cdots,n\}$。我们将$\{0,1\}^n$上的分布的集合称为源,表示为$\mathcal{R}_n$。U_n表示$\{0,1\}^n$上的均匀分布。在本章的其余部分,默认所有对数的底为2。实向量$\mathbf{V}=(v_1,v_2,\cdots,v_n)$的$\alpha$-范数定义为$\|\mathbf{V}\|_\alpha\overset{\text{def}}{=\!=}\left(\sum\limits_{i=1}^{n}|v_i|^\alpha\right)^{\frac{1}{\alpha}}$。

考虑$\{0,1\}^\lambda$上的两个随机变量Y和Y'。Y和Y'之间的统计距离定义为$\mathrm{SD}(Y,Y')\overset{\text{def}}{=\!=}\frac{1}{2}\sum\limits_{y\in\{0,1\}^\lambda}|\Pr[Y=y]-\Pr[Y'=y]|$。可以观察到$\mathrm{SD}(Y,Y')=\max\limits_{\mathrm{Eve}}|\Pr[\mathrm{Eve}(Y)=1]-\Pr[\mathrm{Eve}(Y')=1]|$,其中Eve为区分器。为简单起见,记$Y_{|X=x}$为条件$X=X$下$Y$的分布$Y_{|X=X}$。

随机变量X的阶为α的Rény熵定义为$H_\alpha(X)=\frac{1}{1-\alpha}\log\left(\sum\limits_x\Pr[X=x]^\alpha\right)$,其中$\alpha\geqslant 0$且$\alpha\neq 1$。随机变量$X$的以另一随机变量$Y$作为条件的条件Rényi熵定义为$H_\alpha(X\mid Y)=\frac{\alpha}{1-\alpha}\log\sum\limits_y\Pr[Y=y]\left[\sum\limits_x\Pr[X=x\mid Y=y]^\alpha\right]^{\frac{1}{\alpha}}$。若$H_\alpha(X)=2$,则$H_\alpha(X)=\alpha(X)$(相应地,$H_\alpha(X|Y)$)与碰撞熵(相应地,条件碰撞熵)的定义相同;若$\alpha\to\infty$,则$H_\alpha(X)$(相应地,$H_\alpha(X|Y)$)收敛于最小熵(相应地,条件最小熵);若$\alpha\to 1$,则$H_\alpha(X)$(相应地,$H_\alpha(X|Y)$)收敛于香农熵(相应地,条件香农熵)。记$H_1(p)\overset{\text{def}}{=\!=}-p\log p-(1-p)\log(1-p)$。

基于最小熵的X和Y的互信息定义为$I_\infty(X,Y)\overset{\text{def}}{=\!=}H_\infty(X)-H_\infty(X|Y)$。更一般地,基于Rényi熵的$X$和$Y$的互信息定义为$I_\alpha(X,Y)\overset{\text{def}}{=\!=}H_\alpha(X)-H_\alpha(X|Y)$。

二元对称信道(Binary Symmetric Channel,BSC)如图6-1所示,是指这样的信道,其输入符号取值于$\{0,1\}$,输出符号取值于$\{0,1\}$,传递概率为

$$\Pr[0\mid 0]=\Pr[1\mid 1]=1-p,\quad \Pr[1\mid 0]=\Pr[0\mid 1]=p$$

信道中平均每个符号所能传送的信息量用$I(X,Y)=H(X)-H(X|Y)$表示。$I(X,Y)$是输入随机变量的概率分布的上凸函数,所以对于固定的信道,总存在一种

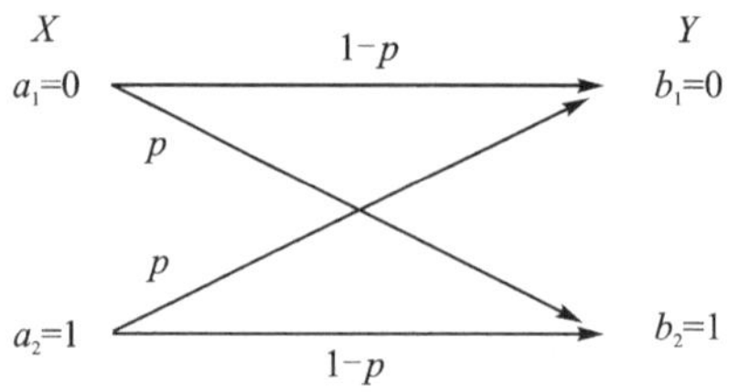

图 6-1　二元对称信道

信源分布，使得传输每个符号平均获得的信息量最大。信道容量定义为信道中每个符号所能传递的最大信息量，也就是最大 $I(X,Y)$ 值，记为 $C=\max\limits_{\Pr[x]}\{I(X,Y)\}$[65]。

定义 6.1　(见参考文献[65])如果随机变量 Z 的条件分布依赖于随机变量 Y 的分布，而与 X 是条件独立的，则称随机变量 X、Y、Z 依序构成马尔科夫(Markov)链，记为 $X\to Y\to Z$。更具体地，若 X、Y、Z 的联合概率密度函数可写为

$$\Pr[x,y,z]=\Pr[x]\cdot\Pr[y\mid x]\cdot\Pr[z\mid y]$$

则称 X、Y、Z 构成马尔科夫链 $X\to Y\to Z$。

定理 6.1　(数据处理不等式)(见参考文献[65])若随机变量 X、Y、Z 构成马尔科夫链 $X\to Y\to Z$，则有

$$I(X,Y)\geqslant I(X,Z)$$

6.2.1　不同熵的对比

为了说明最小熵、碰撞熵和香农熵之间的区别，考虑 $\{0,1\}^n$ 上的一个分布 X 如下(见参考文献[103])：

$$\Pr[X=x]=\begin{cases}0.99, & x=0^n\\ \dfrac{0.01}{2^n-1}, & \text{其他}\end{cases}$$

则

$$H_1(X)=-\sum_{x\in\{0,1\}^n}\Pr[X=x]\log\Pr[X=x]>0.01n$$

$$H_2(X)=-\log\sum_{x\in\{0,1\}^n}\Pr[X=x]^2<-2\log 0.99<1$$

$$H_\infty(X)=-\max_{x\in\{0,1\}^n}\log\Pr[X=x]=-\log 0.99<1$$

值得注意的是，即使 X 具有关于 n 呈线性的香农熵，我们也不能期望从分布 X 中提取接近均匀分布的一些位或用 X 中的一个样本进行任何有用的随机计算，因为在 99%的时间里它没有给我们有用的信息。因此，我们应该使用更强的由碰撞熵或最小熵给出的熵的度量。尽管香农熵满足许多很好的等式，使它很容易处理，而最小熵和 Rényi 熵要微妙得多[103]。本章将基于 Rényi 熵借助于一些数学工具来推广现

有的结果。

6.2.2 统计安全性

回顾参考文献[17]中的隐私方案定义，将“位”扩展为更一般的消息长度，如下所示。

定义 6.2 （统计安全的加密方案）一个$(\mathcal{R}_n,\delta)$-统计安全的加密方案定义为一对函数 $\text{Enc}:\{0,1\}^m\times\{0,1\}^n\to\{0,1\}^\lambda$ 和 $\text{Dec}:\{0,1\}^\lambda\times\{0,1\}^n\to\{0,1\}^m$，这里 $\text{Enc}(x,r)$和 $\text{Dec}(c,r)$也可分别简记为 $\text{Enc}_r(x)$和 $\text{Dec}_r(c)$，满足：

(a) 正确性：对于任意 $x\in\{0,1\}^m$ 和 $r\in\{0,1\}^n$，有 $\text{Dec}_r(\text{Enc}_r(x))=x$；

(b) 统计隐藏性：对于任意分布 $R\in\mathcal{R}_n$ 和任意两条不同的消息 $x_1,x_2\in\{0,1\}^m$，有 $\text{SD}(\text{Enc}_R(x_1),\text{Enc}_R(x_2))\leqslant\delta$。

定义 6.3 （统计安全的种子提取器）称 $\text{Ext}:\{0,1\}^m\times\{0,1\}^n\to\{0,1\}^\lambda$ 是$(\mathcal{R}_n,\delta)$-统计安全的种子提取器，若对于每个 $x\in\{0,1\}^m$ 和每个分布 $R\in\mathcal{R}_n$，有

$$\text{SD}(\text{Ext}(x,R),U_\lambda)\leqslant\delta/2$$

在承诺方案中，发送方 Alice 被允许承诺一个选择的语句(即值)，但在开始时接收方 Bob 不知道值等于多少，在后面的阶段中 Alice 可以揭示被承诺的值。任何承诺方案都有两个基本属性：“绑定性”和“隐藏性”。粗略地说，Alice 在做出承诺后“很难”改变承诺的值的性质被称为“绑定性”，Bob 在 Alice 不透露的情况下“很难”知道被承诺的值的性质被称为“隐藏性”。

这两种性质都可以是信息论或可计算意义上的。不幸的是，信息论意义上的绑定性和信息论意义上的隐藏性不能同时实现。与使用可计算的概念不同，这里绑定性被放宽为一条非常弱的性质，因此这条非常弱的绑定性和隐藏性都可以从信息论的角度来定义。

定义 6.4 （统计安全的弱位承诺）一个$(\mathcal{R}_n,\delta)$-统计安全的弱位承诺是一个满足以下两条性质的函数 $\text{Com}:\{0,1\}\times\{0,1\}^n\to\{0,1\}^\lambda$。对于任意分布 $R\in\mathcal{R}_n$ 来说：

(a) 弱绑定性：$\Pr\limits_{r\leftarrow U_n}[\text{Com}(1;r)\neq\text{Com}(0;r)]\geqslant\dfrac{1}{2}$；

(b) 统计隐藏性：$\text{SD}(\text{Com}(1;R),\text{Com}(0;R))\leqslant\delta$。

需要注意的是，这里的绑定概念比传统的承诺概念要弱得多。在传统承诺概念中，如果“很难”找到 r_1 和 r_2 满足 $\text{Com}(1;r_1)=\text{Com}(0;r_2)$，则我们称绑定性成立。换句话说，这里若一致选择 $r_1=r_2$，攻击者不能以不小于 1/2 的概率获胜，则我们称它是弱绑定的。例如，对于任意 $x,R\in\{0,1\}$，令 $\text{Com}(x;R)=x\oplus R$。我们可以很容易地验证，对于任何 $\delta>0$，它是一个弱位承诺。

接下来，我们定义 T-秘密共享的概念。它包含两个阈值，即 T_1 和 T_2，且 $1\leqslant T_1<T_2\leqslant T$ 满足：(1) 任何 T_2 方都可恢复秘密；(2) 任何 T_1 方都没有关于秘密的信息。为简便起见，这里设 $T_1=1$ 且 $T_2=T$。

定义 6.5 （统计安全的 T-秘密共享方案）一个$(\mathscr{R}_n,\delta)$-统计安全的 T-秘密共享方案是满足以下两个条件的元组$(\mathrm{Share}_1,\mathrm{Share}_2,\cdots,\mathrm{Share}_T,\mathrm{Rec})$：

(a) 正确性：对于任意 $r\in\{0,1\}^n$ 和任意 $x\in\{0,1\}^m$ 来说，有

$$\mathrm{Rec}(\mathrm{Share}_1(x,r),\cdots,\mathrm{Share}_T(x,r))=x$$

(b) 统计隐藏性：对于任意 $j\in[T]$，任意 $R\in\mathscr{R}_n$，以及任意两条不同的消息 x_1，$x_2\in\{0,1\}^m$ 来说，有 $\mathrm{SD}(\mathrm{Share}_j(x_1;R),\mathrm{Share}_j(x_2;R))\leqslant\delta$。

对于任意查询 $h\in\mathscr{H}$来说，若将数据库中的一个条目替换为仅包含虚假信息的条目时，机制的输出分布仅改变“一点点”，则称机制满足差分隐私性。换句话说，在两个相邻数据库上评估机制时，两个输出分布差不了多少。

定义 6.6 （$(\mathscr{R}_n,\delta)$-差分隐私）（参见参考文献[86]）令 $\mathscr{H}$ 是一组查询函数。称一个机制 P 具有$(\mathscr{R}_n,\delta)$-差分隐私性，若满足以下条件：

对于任何查询 $h\in\mathscr{H}$，任意两个相邻的数据库 D_1、D_2，以及任意分布 $R\in\mathscr{R}_n$，有

$$\mathrm{SD}(h(D_1,R),h(D_2,R))\leqslant\delta$$

6.2.3 α-互信息安全

在本节中，我们定义基于互信息的隐私方案的安全性。对于加密方案，将互信息安全概念中的 Shannon 熵替换为 Rényi 熵，得到 α-互信息的定义。更一般地，我们使用这个想法来定义其他隐私方案。在本节均假设 $\alpha\in[1,\infty)\cup\{\infty\}$。

定义 6.7 （α-互信息安全的加密方案）一个$(\mathscr{R}_n,\delta)$-α-互信息安全的加密方案定义为一个函数元组(Enc,Dec)，其中 Enc：$\{0,1\}^m\times\{0,1\}^n\rightarrow\{0,1\}^\lambda$ 和 Dec：$\{0,1\}^\lambda\times\{0,1\}^n\rightarrow\{0,1\}^m$。为方便起见，这里 $\mathrm{Enc}(x,r)$（相应地，$\mathrm{Dec}(c,r)$）也可记为 $\mathrm{Enc}_r(x)$（相应地，$\mathrm{Dec}_r(c)$），满足以下两条性质：

(a) 正确性：对于任意 $x\in\{0,1\}^m$ 和 $r\in\{0,1\}^n$，有 $\mathrm{Dec}_r(\mathrm{Enc}_r(x))=x$；

(b) α-互信息安全性：对于$\{0,1\}^m$ 上的任意分布 M 和任意分布 $R\in\mathscr{R}_n$，有 $I_\alpha(M,\mathrm{Enc}_R(M))\leqslant\delta$。

注 6.1 为了与以前的文献保持一致，若 $\alpha=1$，则可以省略 I_α 中的 α。

上面定义中的公式事实上看起来像一个信道容量公式，人们在表达通过嘈杂的信道基本的通信限制时会利用该公式。这种限制消除了任何具体的分布假设，并且使 α-互信息安全成为方案本身的一条性质。

类似地，我们将其他隐私方案（如种子提取器、弱位承诺方案、T-秘密共享方案和差异隐私）的 α-互信息安全定义如下：

定义 6.8 （α-互信息安全的种子提取器）令 $\alpha\in[1,\infty)\cup\{\infty\}$，称 Ext：$\{0,1\}^m\times\{0,1\}^n\rightarrow\{0,1\}^\lambda$ 是一个$(\mathscr{R}_n,\delta)$-α-互信息安全的种子提取器，若对于$\{0,1\}^m$ 上的任意分布 M 和任意分布 $R\in\mathscr{R}_n$，有

$$I_\alpha(M,\mathrm{Ext}(M,R))\leqslant\delta$$

定义 6.9 （α-互信息安全的弱位承诺）令 $\alpha\in[1,\infty)\cup\{\infty\}$。一个$(\mathscr{R}_n,\delta)$-$\alpha$-互

信息安全的弱位承诺是满足以下两个条件的函数 Com：$\{0,1\}\times\{0,1\}^n\to\{0,1\}^\lambda$。对于$\{0,1\}$上的任意分布 M 和任意分布 $R\in\mathcal{R}_n$，有

(a) 弱绑定性：$$\Pr_{r\leftarrow U_n}[\mathrm{Com}(0;r)\neq\mathrm{Com}(1;r)]\geqslant\frac{1}{2}$$

(b) α-互信息安全性：

$$I_\alpha(M,\mathrm{Com}(M,R))\leqslant\delta$$

定义 6.10　(α-互信息安全的 T-秘密分享方案)令 $\alpha\in[1,\infty)\cup\{\infty\}$。一个$(\mathcal{R}_n,\delta)$-$\alpha$-互信息安全的 T-秘密分享方案是满足以下两个条件的元组(Share_1，Share_2，…，Share_T，Rec)：

(a) 正确性：对于任意 $r\in\{0,1\}^n$ 和任意 $x\in\{0,1\}^m$，有

$$\mathrm{Rec}(\mathrm{Share}_1(x,r),\cdots,\mathrm{Share}_T(x,r))=x$$

(b) α-互信息安全性：对于任意 $j\in[T]$，$\{0,1\}^m$ 上的任意分布 M，以及任意分布 $R\in\mathcal{R}_n$，有

$$I_\alpha(M,\mathrm{Share}_j(M,R))\leqslant\delta$$

定义 6.11　(α-互信息安全的差分隐私)令 $\alpha\in[1,\infty)\cup\{\infty\}$，且 $\mathcal{H}$ 为一个询问函数族。称机制 $\mathcal{A}$ 是一个$(\mathcal{R}_n,\delta)$-α-互信息安全的差分隐私机制，若对于任意询问 $h\in\mathcal{H}$，任意两相邻数据库 D_1、D_2，$\{D_1,D_2\}$上的任意分布 D，以及任意分布 $R\in\mathcal{R}_n$，有

$$I_\alpha(\mathcal{D},h(\mathcal{D},R))\leqslant\delta$$

注 6.2　当 $\alpha=1$ 时，在不引起混淆的前提下，α-互信息可简述为互信息。

6.3　互信息安全与统计安全之间的本质联系

本节主要探讨基于香农熵的隐私方案的互信息安全与统计安全之间的关系。与参考文献[85-86,90,101]中着重于研究一种特殊的方案(如加密方案、差分隐私方案、承诺方案)不同，本章引入了一个模块化的统一框架来研究统计安全与互信息安全之间的关系。虽然 Bellare 等人[85]得到了一些结果，但它们的界不是最紧的。在这里，我们将证明思想进行抽象，使其适用于更一般的隐私方案，并采用 Zhang[92]提出的更好的边界。此外，通过借鉴和改进参考文献[86]中提出的关于差异隐私的新技术，我们得到了一系列隐私方案的改进或新的安全结果。

6.3.1　从统计安全到互信息安全的推导

与参考文献[101]中使用两个分布的香农熵的距离的上界不同，本章采用 Zhang[92]提出的上界。虽然参考文献[101]中对应的上界结论比在参考文献[104]中的结论稍强，且在参考文献[105]中也有类似的上界，但 Zhang[92]得到的上界更好(详见参考文献[92])。

假设 X 和 Y 分别是$\{0,1\}^m$ 和$\{0,1\}^\lambda$ 上的两个分布。为简单起见，接下来，

X 和 Y 之间的成对统计距离（详见参考文献[101]）定义为 $\mathrm{PSD}(X,Y)=\max\{\mathrm{SD}(Y_{|X=x_0},Y_{|X=x_1})\mid x_0,x_1\in\{0,1\}^m$，且 $x_0\neq x_1\}$。

引理 6.1 （见参考文献[92]）令 Q_1、Q_2 为 $\{0,1\}^\lambda$ 上的两个概率分布，且 $\delta=\mathrm{SD}(Q_1,Q_2)$，则

$$|H_1(Q_1)-H_1(Q_2)|\leqslant\delta\log(2^\lambda-1)+H_1(\delta)$$

断言 6.1 令 $g(\delta)=\delta\log(2^\lambda-1)+H_1(\delta)$，则函数 g 为区间 $\left(0,1-\frac{1}{2^\lambda}\right]$ 上的一个非单调递减函数。

证明 首先计算

$$\begin{aligned}\frac{\partial g(\delta)}{\partial\delta}&=\log(2^\lambda-1)+\frac{\partial(-\delta\log\delta)}{\partial\delta}+\frac{\partial(-(1-\delta)\log(1-\delta))}{\partial\delta}\\&=\log(2^\lambda-1)+\left(\ln\frac{1}{\delta}-1\right)\cdot\frac{1}{\ln 2}+\left[\log(1-\delta)+\frac{1}{\ln 2}\right]\\&=\log\frac{(2^\lambda-1)\cdot(1-\delta)}{\delta}\end{aligned}$$

由于 $0<\delta\leqslant1-\frac{1}{2^\lambda}$，易得

$$(2^\lambda-1)\cdot\frac{1-\delta}{\delta}\geqslant1$$

因此，有

$$\frac{\partial g(\delta)}{\partial\delta}=\log\frac{(2^\lambda-1)\cdot(1-\delta)}{\delta}\geqslant0$$

从而函数 g 为一个非单调递减函数。

引理 6.2 （见参考文献[101]）令 X 和 Y 分别为 $\{0,1\}^m$ 和 $\{0,1\}^\lambda$ 上的两个随机变量，则对于任意固定的 $x\in\{0,1\}^m$，有 $\mathrm{SD}(Y,Y_{|X=x})\leqslant\mathrm{PSD}(X,Y)$ 成立。

定理 6.2 令 X 和 R 分别为 $\{0,1\}^m$ 和 $\{0,1\}^n$ 上的两个随机变量。令函数 $f:\{0,1\}^m\times\{0,1\}^n\rightarrow\{0,1\}^\lambda$。令 $Y\xlongequal{\text{def}}f(X,R)$。假设 $\mathrm{PSD}(X,Y)\leqslant\delta$，其中 $0<\delta\leqslant1-\frac{1}{2^\lambda}$，则下式成立：

$$I(X,Y)\leqslant\delta\log(2^\lambda-1)+H_1(\delta)$$

证明 $I(X,Y)=I(Y,X)=H_1(Y)-H_1(Y\mid X)=H_1(Y)-\sum_{x\in\{0,1\}^m}\Pr[X=x]\cdot H_1(Y\mid X=x)=\sum_{x\in\{0,1\}^m}\Pr[X=x]\cdot(H_1(Y)-H_1(Y\mid X=x))$。

假设存在 x_0 使得

$$H_1(Y)-H_1(Y\mid X=x_0)=\max_{x\in\{0,1\}^m}\{H_1(Y)-H_1(Y\mid X=x)\}$$

令 $\delta_0=\mathrm{SD}(Y,Y_{|X=x_0})$，则有

$$
\begin{aligned}
I(X,Y) &\leqslant H_1(Y) - H_1(Y \mid X = x_0) \\
&\leqslant \delta_0 \log(2^\lambda - 1) + H_1(\delta_0) \\
&\leqslant \delta \log(2^\lambda - 1) + H_1(\delta)
\end{aligned}
$$

其中,第二个不等式成立的依据是引理 6.1,最后一个不等式成立的依据是断言 6.1 和引理 6.2。

接下来,我们分别研究加密方案、种子提取器、弱位承诺方案、T-秘密共享方案及差异隐私的互信息安全与统计安全之间的关系。

定理 6.3　若 P 是一个$(\mathcal{R}_n,\delta)$-统计安全的加密方案,其中加密函数为 Enc:$\{0,1\}^m \times \{0,1\}^n \to \{0,1\}^\lambda$,且 $0<\delta\leqslant 1-\frac{1}{2^\lambda}$,则 P 是一个$(\mathcal{R}_n,\delta\log(2^\lambda-1)+H_1(\delta))$-互信息安全的加密方案。

证明　假设 P 是一个$(\mathcal{R}_n,\delta)$-统计安全的加密方案。

定义 $f(x,r)\overset{\text{def}}{=\!=}\mathrm{Enc}_r(x)$,则 $\mathrm{PSD}(X,\mathrm{Enc}_R(X))\leqslant\delta$。由定理 6.2 可得

$$I(X,\mathrm{Enc}_R(X)) \leqslant \delta\log(2^\lambda - 1) + H_1(\delta)$$

注 6.3　由参考文献[92]得,当 $0<\delta\leqslant\frac{1}{4}$ 时,引理 6.1 中的上界比参考文献[101]中的结果更好,这意味着对于$\{0,1\}^\lambda$ 上的两个概率分布 Q_1 和 Q_2,以及 $\delta=\mathrm{SD}(Q_1,Q_2)$来说,有$|H_1(Q_1)-H_1(Q_2)|\leqslant 2\delta\cdot\log\frac{2^\lambda}{\delta}$成立(详见参考文献[101]),从而,这里的定理 6.3 比参考文献[101]中的结果更好。

定理 6.4　若 P 是一个$(\mathcal{R}_n,\delta)$-统计安全的种子抽取器,其中抽取器为 Ext:$\{0,1\}^m \times \{0,1\}^n \to \{0,1\}^\lambda$,且 $0<\delta\leqslant 1-\frac{1}{2^\lambda}$,则 P 是一个$(\mathcal{R}_n,\delta\log(2^\lambda-1)+H_1(\delta))$-互信息安全的种子抽取器。

证明　假设 P 是一个$(\mathcal{R}_n,\delta)$-统计安全的种子抽取器。定义 $f(x,r)\overset{\text{def}}{=\!=}\mathrm{Ext}(x,r)$,则 $\mathrm{PSD}(X,\mathrm{Ext}(X,R))\leqslant\delta$。由定理 6.2 得

$$I(X,\mathrm{Ext}(X,R)) \leqslant \delta\log(2^\lambda - 1) + H_1(\delta)$$

定理 6.5　若 P 是一个$(\mathcal{R}_n,\delta)$-统计安全的弱位承诺方案,其中承诺函数 Com:$\{0,1\} \times \{0,1\}^n \to \{0,1\}^\lambda$,且 $0<\delta\leqslant 1-\frac{1}{2^\lambda}$,则 P 是一个$(\mathcal{R}_n,\delta\log(2^\lambda-1)+H_1(\delta))$-互信息安全的弱位承诺方案。

证明　假设 P 是一个$(\mathcal{R}_n,\delta)$-统计安全的弱位承诺方案。定义 $f(x,r)\overset{\text{def}}{=\!=}\mathrm{Com}(x,r)$,则 $\mathrm{PSD}(X,\mathrm{Com}(X,R))\leqslant\delta$。由定理 6.2 得

$$I(X,\mathrm{Com}(X,R)) \leqslant \delta\log(2^\lambda - 1) + H_1(\delta)$$

定理 6.6　若 P 是一个$(\mathcal{R}_n,\delta)$-统计安全的 T-秘密分享方案,其中对于任意 $j\in$

$[T]$,分享函数 $\mathrm{Share}_j:\{0,1\}^m\times\{0,1\}^n\to\{0,1\}^\lambda$,且 $0<\delta\leqslant 1-\frac{1}{2^\lambda}$,则 P 是一个 $(\mathcal{R}_n,\delta\log(2^\lambda-1)+H_1(\delta))$-互信息安全的 T-秘密分享方案。

证明 假设 P 是一个 $(\mathcal{R}_n,\delta)$-统计安全的 T-秘密分享方案。对于任意 $j\in[T]$,定义 $f_j(x,r)\overset{\text{def}}{=\!=\!=}\mathrm{Share}_j(x;r)$,则

$$\mathrm{PSD}(X,\mathrm{Share}_j(X,R))\leqslant\delta$$

由定理 6.2 得

$$I(X,\mathrm{Share}_j(X,R))\leqslant\delta\log(2^\lambda-1)+H_1(\delta)$$

定理 6.7 若 P 是一个 $(\mathcal{R}_n,\delta)$-差分隐私机制,其中查询函数 $h:\mathcal{D}\times\{0,1\}^n\to\{0,1\}^\lambda$,且 $0<\delta\leqslant 1-\frac{1}{2^\lambda}$,则 P 是一个 $(\mathcal{R}_n,\delta\log(2^\lambda-1)+H_1(\delta))$-互信息安全的差分隐私机制。

证明 假设 P 是一个 $(\mathcal{R}_n,\delta)$-差分隐私机制。对于任意两个相邻数据库 D_1 和 D_2 和 $i\in\{1,2\}$,定义 $f(D_i,r)\overset{\text{def}}{=\!=\!=}h(D_i,r)$,则对于 $\{D_1,D_2\}$ 上的任意分布 D,有 $\mathrm{PSD}(D,R)\leqslant\delta$ 成立。由定理 6.2 得

$$I(D,h(D,R))\leqslant\delta\log(2^\lambda-1)+H_1(\delta)$$

注 6.4 定理 6.5 和定理 6.7 中的界与参考文献[90]和参考文献[86]中的并不相同。事实上,这里的结果与参考文献[90]中的定理 4.1a)和参考文献[86]中的引理 3 相互补充。

6.3.2 从互信息安全到统计安全的推导

回顾一下,Cuff 和 Yu[86] 已发现 $(\mathcal{R}_n,\delta)$-互信息安全的差分隐私意味着 $(1-2H_1^{-1}(\ln 2-\delta))$-的差分隐私,其证明思想如下:

通过固定任意一对相邻的数据库实例,采用数据处理不等式,一般数据库和查询响应可分别被归约为二元数据库和二元查询响应,即只需考虑以二元输入和二元输出的随机机制 $P_{Y|X}$。根据随机机制满足 $\max_{P_X}I(X,Y)\leqslant\delta$ 的假设,二进制通信信道 $P_{Y|X}$ 的信道容量有一个上界 δ。

通过引入原始信道 $P_{Y|X}$ 的互补信道,得到二元对称信道,该信道为原始信道和互补信道的凸组合。原始信道和互补信道具有相同的信道容量,它不小于二进制对称信道的容量。二元对称信道的容量可表示为原始信道条件输出分布之间的统计距离的递增函数。因此,由二元对称信道的信道容量的上界可导出条件输出分布之间的统计距离的上界。

需要注意的是,上述证明思想有一定的局限性,我们使用了一些技术来克服它们,具体如下:

- 参考文献[86]引入一个互补的二元信道来构造一个二元对称信道。对于二

元信道，这很容易理解。但是，如果信道是非二元的，则行不通。受到该问题的启发，我们采用函数 $S(x,y)\xlongequal{\text{def}}x\log\dfrac{x}{y}$ 的凸性，而不是采用 $I(X,Y)$ 的凸性和一个互补通道。我们发现原始的非二元信道的容量仍以二元对称信道的信道容量为下界。

- 与参考文献[86]中采用数据处理不等式的思想不同，那里固定一个意义不明确的可测子集，我们利用关于统计距离的一个事实。也就是说，我们采用等式 $\mathrm{SD}(Y,Y')=\max_{\mathrm{Eve}}|\Pr[\mathrm{Eve}(Y)=1]-\Pr[\mathrm{Eve}(Y')=1]|$，其中 Y 和 Y' 为 $\{0,1\}^{\lambda}$ 上的两个分布（详见 Yevvgeniy Dodis 教授的课程[106]）。

基于上述思想，我们提出了一个适用于一系列隐私方案的一般定理：

定理 6.8　令函数 $f:\{0,1\}^m\times\{0,1\}^n\rightarrow\{0,1\}^{\lambda}$。假设对于$\{0,1\}^m$ 上的任意分布 X 和任意 $R\in\mathcal{R}_n$，有 $I(X,Y)\leqslant\delta$ 成立，其中 $Y\xlongequal{\text{def}}f(X,R)$ 且 $0<\delta<1$，则有

$$\mathrm{PSD}(X,Y)\leqslant 1-2H_1^{-1}(1-\delta)$$

证明　考虑一个分布 $R\in\mathcal{R}_n$，以及一个特殊的分布 X，即令 X 是$\{x_0,x_1\}$上的均匀分布，其中 $x_0,x_1\in\{0,1\}^m$。由假设，有 $I(X,Y)\leqslant\delta$ 成立。

与参考文献[86]中利用数据处理不等式的思想不同，那里固定一个可测子集，这里我们采用

$$\begin{aligned}&\mathrm{SD}(f(x_0,R),f(x_1,R))\\&=\max_{\mathrm{Eve}}|\Pr[\mathrm{Eve}(f(x_0,R))=1]-\Pr[\mathrm{Eve}(f(x_1,R))=1]|\end{aligned}$$

不失一般性，假设存在一个对手 Eve_0 使得

$$\begin{aligned}&|\Pr[\mathrm{Eve}_0(f(x_0,R))=1]-\Pr[\mathrm{Eve}_0(f(x_1,R))=1]|\\&=\max_{\mathrm{Eve}}|\Pr[\mathrm{Eve}(f(x_0,R))=1]-\Pr[\mathrm{Eve}(f(x_1,R))=1|\end{aligned}$$

令 $a\xlongequal{\text{def}}\Pr[\mathrm{Eve}_0(f(x_0,R))=1]$且 $b\xlongequal{\text{def}}\Pr[\mathrm{Eve}_0(f(x_1,R))=1]$，则

$$\mathrm{SD}(f(x_0,R),f(x_1,R))=|a-b|$$

由定理 2.8.1 的推论（即数据处理不等式）（见参考文献[104]），易得如下断言：

断言 6.2　令 X 和 Y 分别为$\{0,1\}^m$ 和$\{0,1\}^{\lambda}$ 上的两个分布。假设 $F:\{0,1\}^{\lambda}\rightarrow\{0,1\}$为一个函数，则有 $I(X,F(Y))\leqslant I(X,Y)$成立。

因此，可得

$$I(X,\mathrm{Eve}_0(f(X,R))\leqslant I(X,f(X,R))\leqslant\delta$$

为简单起见，记 $Z\xlongequal{\text{def}}\mathrm{Eve}_0(f(X,R))$，则

$$\begin{aligned}\Pr[Z=0]&=\Pr[Z=0\mid X=x_0]\cdot\Pr[X=x_0]+\\&\quad\ \Pr[Z=0\mid X=x_1]\cdot\Pr[X=x_1]\\&=1-\frac{a+b}{2}\end{aligned}$$

$$
\begin{aligned}
\Pr[Z=1]&=\Pr[Z=1\mid X=x_0]\cdot\Pr[X=x_0]+\\
&\quad\Pr[Z=1\mid X=x_1]\cdot\Pr[X=x_1]\\
&=\frac{a+b}{2}
\end{aligned}
$$

$$
\begin{aligned}
\Pr[X=x_0\mid Z=0]&=\frac{\Pr[Z=0\mid X=x_0]\cdot\Pr[X=x_0]}{\Pr[Z=0]}\\
&=\frac{1-a}{2-a-b}\\
\Pr[X=x_1\mid Z=0]&=\frac{\Pr[Z=0\mid X=x_1]\cdot\Pr[X=x_1]}{\Pr[Z=0]}\\
&=\frac{1-b}{2-a-b}\\
\Pr[X=x_0\mid Z=1]&=\frac{\Pr[Z=1\mid X=x_0]\cdot\Pr[X=x_0]}{\Pr[Z=1]}\\
&=\frac{a}{a+b}\\
\Pr[X=x_1\mid Z=1]&=\frac{\Pr[Z=1\mid X=x_1]\cdot\Pr[X=x_1]}{\Pr[Z=1]}\\
&=\frac{b}{a+b}
\end{aligned}
$$

从而，

$$
\begin{aligned}
I(X,Z)&=H_1(X)-H_1(X\mid Z)\\
&=1+\sum_{i=0}^{1}\Pr[Z=i]\sum_{j=0}^{1}\Pr[X=x_j\mid Z=i]\log\Pr[X=x_j\mid Z=i]\\
&=1+\frac{1-a}{2}\log\frac{1-a}{2-a-b}+\frac{a}{2}\log\frac{a}{a+b}+\frac{1-b}{2}\log\frac{1-b}{2-a-b}+\\
&\quad\frac{b}{2}\log\frac{b}{a+b}
\end{aligned}
$$

断言 6.3 设函数 $S:(0,2]\times(0,2]\to(-\infty,\infty)$ 为 $S(x,y)=x\log\dfrac{x}{y}$，则 S 是 $(0,2]\times(0,2]$ 上的一个凸函数。

证明 函数 S 的 Hesse 矩阵为

$$
\begin{pmatrix}
\dfrac{\partial^2 S(x,y)}{\partial x^2} & \dfrac{\partial^2 S(x,y)}{\partial x\partial y}\\[2ex]
\dfrac{\partial^2 S(x,y)}{\partial y\partial x} & \dfrac{\partial^2 S(x,y)}{\partial y^2}
\end{pmatrix}
=
\begin{pmatrix}
\dfrac{1}{x\ln 2} & -\dfrac{1}{y\ln 2}\\[2ex]
-\dfrac{1}{y\ln 2} & \dfrac{x}{y^2\ln 2}
\end{pmatrix}
$$

由于 $\dfrac{1}{x\ln 2}\geqslant 0$，$\dfrac{x}{y^2\ln 2}\geqslant 0$，且 $\dfrac{\partial^2 S(x,y)}{\partial x^2}\cdot\dfrac{\partial^2 S(x,y)}{\partial y^2}-\left(\dfrac{\partial^2 S(x,y)}{\partial x\partial y}\right)^2=0$，

即它的所有主子式非负，函数 S 的 Hesse 矩阵是一个半正定矩阵。因此，S 是 $(0,2]\times(0,2]$ 上的一个凸函数。

从而，对于任意 $i\in\{0,1\}$ 和 $(x_i,y_i)\in(0,2]\times(0,2]$，有 $\frac{S(x_0,y_0)}{2}+\frac{S(x_1,y_1)}{2}\geqslant S\left(\frac{x_0+x_1}{2},\frac{y_0+y_1}{2}\right)$ 成立。因此，

$$\frac{1-a}{2}\log\frac{1-a}{2-a-b}+\frac{b}{2}\log\frac{b}{a+b}\geqslant\frac{1-a+b}{2}\log\frac{1-a+b}{2}$$

$$\frac{1-b}{2}\log\frac{1-b}{2-a-b}+\frac{a}{2}\log\frac{a}{a+b}\geqslant\frac{1-b+a}{2}\log\frac{1-b+a}{2}$$

相应地，可得

$$\begin{aligned}I(X,Z)&\geqslant 1+\frac{1-a+b}{2}\log\frac{1-a+b}{2}+\frac{1-b+a}{2}\log\frac{1-b+a}{2}\\&=1-H_1\left(\frac{1-a+b}{2}\right)\end{aligned}$$

因此，$1-H_1\left(\frac{1-|a-b|}{2}\right)\leqslant I(X,Z)\leqslant\delta$。

由于当 $w\in\left(0,\frac{1}{2}\right)$ 时，$H_1(w)$ 是一个递增函数，有 $\frac{1-|a-b|}{2}\geqslant H_1^{-1}(1-\delta)$ 成立，即

$$\mathrm{SD}(f(x_0,R),f(x_1,R))\leqslant 1-2H_1^{-1}(1-\delta)$$

由于对于满足 $x_0\neq x_1$ 的任意 $x_0,x_1\in\{0,1\}^m$ 来说，上述不等式成立，可得

$$\mathrm{PSD}(X,Y)\leqslant 1-2H_1^{-1}(1-\delta)$$

定理 6.9　若一个隐私方案(即加密、种子提取器、弱位承诺、T-秘密共享、差分隐私) P 是 $(\mathcal{R}_n,\delta)$-互信息安全的，其中 $0<\delta<1$，则 P 是 $(\mathcal{R}_n,1-2H_1^{-1}(1-\delta))$-统计安全的。

证明　对于任意 $j\in T$ 和查询函数 h 来说，将定理 6.8 中的函数 f 分别替换为 Enc、Ext、Com、Share_j，得证。

6.4　α-互信息安全与统计安全之间的本质联系

参考文献[83]只考虑了香农熵。虽然 Cuff 和 Yu[86] 已尝试将基于香农熵的结果推广到基于 Rényi 熵的结果，但仅得到了很少的关于 ε-差分隐私的结果，且那里的差分隐私与这里的 $(\mathcal{R}_n,\delta)$-差分隐私的概念有所区别。对于隐私方案(例如种子提取器、加密、弱位承诺、秘密共享和差分隐私)(见参考文献[17,32,38])来说，最小熵和碰撞熵是更合适的工具。利用 Rényi 熵对结果进行推广是有意义且有技巧的。我们将在下面实现这一目标。我们将利用 Rényi 熵对定理 6.8 进行推广。

定理 6.10 记函数 $f:\{0,1\}^m\times\{0,1\}^n\rightarrow\{0,1\}^\lambda$。假设对于$\{0,1\}^m$上的任意分布 X 和 $R\in\mathcal{R}_n$ 来说，有 $I_\alpha(X,Y)\leqslant\delta$ 成立，其中 $Y\overset{\text{def}}{=\!=\!=}f(X,R)$，$\alpha>1$，且 $0<\delta<1$，则

$$\mathrm{PSD}(X,Y)\leqslant 1-2H_\alpha^{-1}(1-\delta)$$

证明 考虑分布 $R\in\mathcal{R}_n$ 和一个特殊的分布 X（即 X 为$\{x_0,x_1\}$上的均匀分布，其中 $x_0,x_1\in\{0,1\}^m$）。由假设可得，$I_\alpha(X,Y)\leqslant\delta$。

不失一般性，假设存在敌手 Eve_0 使得

$$\begin{aligned}&|\Pr[\mathrm{Eve}_0(f(x_0,R))=1]-\Pr[\mathrm{Eve}_0(f(x_1,R))=1]|\\=&\max_{\mathrm{Eve}}|\Pr[\mathrm{Eve}(f(x_0,R))=1]-\Pr[\mathrm{Eve}(f(x_1,R))=1|\end{aligned}$$

为简单起见，令

$$a\overset{\text{def}}{=\!=\!=}\Pr[\mathrm{Eve}_0(f(x_0,R))=1],\quad b\overset{\text{def}}{=\!=\!=}\Pr[\mathrm{Eve}_0(f(x_1,R))=1]$$

则

$$\mathrm{SD}(f(x_0,R),f(x_1,R))=|a-b|$$

令 $Z\overset{\text{def}}{=\!=\!=}\mathrm{Eve}_0(f(X,R))$。回顾

$$\begin{aligned}H_\alpha(X\mid Z)=\frac{\alpha}{1-\alpha}\log\Big\{&\Pr[Z=0]\cdot\Big(\sum_{x\in\{0,1\}^m}\Pr[X=x\mid Z=0]^\alpha\Big)^{\frac{1}{\alpha}}+\\&\Pr[Z=1]\cdot\Big(\sum_{x\in\{0,1\}^m}\Pr[X=x\mid Z=1]^\alpha\Big)^{\frac{1}{\alpha}}\Big\}\end{aligned}$$

根据定理 6.8 的证明中的一些结果，可得

$$\begin{aligned}&\Pr[Z=0]\cdot\Big(\sum_{x\in\{0,1\}^m}\Pr[X=x\mid Z=0]^\alpha\Big)^{\frac{1}{\alpha}}\\=&\Big(1-\frac{a+b}{2}\Big)\cdot\left[\Big(\frac{1-a}{2-a-b}\Big)^\alpha+\Big(\frac{1-b}{2-a-b}\Big)^\alpha\right]^{\frac{1}{\alpha}}\end{aligned}$$

$$\begin{aligned}&\Pr[Z=1]\cdot\Big(\sum_{x\in\{0,1\}^m}\Pr[X=x\mid Z=1]^\alpha\Big)^{\frac{1}{\alpha}}\\=&\frac{a+b}{2}\cdot\left[\Big(\frac{a}{a+b}\Big)^\alpha+\Big(\frac{b}{a+b}\Big)^\alpha\right]^{\frac{1}{\alpha}}\end{aligned}$$

因此，

$$\begin{aligned}I_\alpha(X,Z)&=H_\alpha(X)-H_\alpha(X\mid Z)\\&=1-\frac{\alpha}{1-\alpha}\log\Big\{\Big(1-\frac{a+b}{2}\Big)\cdot\left[\Big(\frac{1-a}{2-a-b}\Big)^\alpha+\right.\\&\qquad\left.\Big(\frac{1-b}{2-a-b}\Big)^\alpha\right]^{\frac{1}{\alpha}}+\frac{a+b}{2}\cdot\left[\Big(\frac{a}{a+b}\Big)^\alpha+\Big(\frac{b}{a+b}\Big)^\alpha\right]^{\frac{1}{\alpha}}\Big\}\end{aligned}$$

断言 6.4　对于 $a,b\in[0,1]$来说，假设 $a\neq b$，且 $\alpha\geqslant 1$，有

$$\left(1-\frac{a+b}{2}\right)\cdot\left[\left(\frac{1-a}{2-a-b}\right)^{\alpha}+\left(\frac{1-b}{2-a-b}\right)^{\alpha}\right]^{\frac{1}{\alpha}}+\frac{a+b}{2}\cdot$$

$$\left[\left(\frac{b}{a+b}\right)^{\alpha}+\left(\frac{a}{a+b}\right)^{\alpha}\right]^{\frac{1}{\alpha}}\geqslant\left[\left(\frac{1-a}{2}+\frac{b}{2}\right)^{\alpha}+\left(\frac{1-b}{2}+\frac{a}{2}\right)^{\alpha}\right]^{\frac{1}{\alpha}}$$

证明　令函数 $P:[0,1]\times[0,1]\to(-\infty,+\infty)$为 $P(\boldsymbol{V})=\|\boldsymbol{V}\|_{\alpha}$，其中 $\boldsymbol{V}=(v_1,v_2)$。由参考文献[107]得，对于任意 $\boldsymbol{V}_1,\boldsymbol{V}_2\in[0,1]^2$ 和正常数 w 来说，有 $\|w\boldsymbol{V}\|_{\alpha}=w\|\boldsymbol{V}\|_{\alpha}$ 且 $\|\boldsymbol{V}_1+\boldsymbol{V}_2\|_{\alpha}\leqslant\|\boldsymbol{V}_1\|_{\alpha}+\|\boldsymbol{V}_2\|_{\alpha}$ 成立。因此，对于任意 $\boldsymbol{V}_1$，$\boldsymbol{V}_2\in[0,1]^2$，以及满足 $w_0+w_1=1$ 的任意 $w_0,w_1\in(0,1)$来说，有 $w_0P(\boldsymbol{V}_1)+w_1P(\boldsymbol{V}_2)\geqslant P(w_0\boldsymbol{V}_1+w_1\boldsymbol{V}_2)$成立。相应地，令

$$w_0=1-\frac{a+b}{2},\quad w_1=\frac{a+b}{2}$$

$$\boldsymbol{V}_1=\left(\frac{1-a}{2-a-b},\frac{1-b}{2-a-b}\right),\quad \boldsymbol{V}_2=\left(\frac{b}{a+b},\frac{a}{a+b}\right)$$

得证。

根据上述事实，可得

$$\begin{aligned}I_{\alpha}(X,Z)&\geqslant 1-\frac{\alpha}{1-\alpha}\log\left[\left(\frac{1-a}{2}+\frac{b}{2}\right)^{\alpha}+\left(\frac{1-b}{2}+\frac{a}{2}\right)^{\alpha}\right]^{\frac{1}{\alpha}}\\&=1-H_{\alpha}\left[\frac{1-\mathrm{SD}(f(x_0,R),f(x_1,R))}{2}\right]\end{aligned}$$

(1) 首先，考虑 $\alpha>1$ 的情形。

$$\delta\geqslant I_{\alpha}(X,Z)\geqslant 1-H_{\alpha}\left[\frac{1-\mathrm{SD}(f(x_0,R),f(x_1,R))}{2}\right]$$

(2) 现在考虑 $\alpha=\infty$的情形。由(1)可得

$$\begin{aligned}\delta&\geqslant I_{\infty}((X,R),Z)\\&=\lim_{\beta\to\infty}I_{\beta}((X,R),Z)\\&\geqslant 1-\lim_{\beta\to\infty}H_{\beta}\left[\frac{1-\mathrm{SD}(f(x_0,R),f(x_1,R))}{2}\right]\\&=1-H_{\infty}\left[\frac{1-\mathrm{SD}(f(x_0,R),f(x_1,R))}{2}\right]\end{aligned}$$

相应地，由(1)、(2)及定理 6.8 可得，对于任意 $\alpha\in[1,\infty)\cup\{\infty\}$来说，有

$$\delta\geqslant 1-H_{\alpha}\left[\frac{1-\mathrm{SD}(f(x_0,R),f(x_1,R))}{2}\right]$$

由于对于任意固定的 $\alpha\in(1,\infty)\cup\{\infty\}$来说，当 $w\in\left(0,\frac{1}{2}\right)$时，$H_{\alpha}(w)$为递增函数，从而有

$$\frac{1-\mathrm{SD}(f(x_0,R),f(x_1,R))}{2} \geqslant H_\alpha^{-1}(1-\delta)$$

因此，

$$\mathrm{SD}(f(x_0,R),f(x_1,R)) \leqslant 1-2H_\alpha^{-1}(1-\delta)$$

由于上述不等式对于满足 $x_0 \neq x_1$ 的任意 $x_0,x_1 \in \{0,1\}^m$ 都成立，可得

$$\mathrm{PSD}(X,Y) \leqslant 1-2H_\alpha^{-1}(1-\delta)$$

对于任意 $\alpha \in [1,\infty) \cup \{\infty\}$ 来说，α-互信息安全与统计距离之间的关系可以统一起来，这是非常令人惊讶和有意义的。

注 6.5 需要注意的是，我们不是使用"函数 $\mu(\mathbf{V})=\|\mathbf{V}\|_\alpha$ 是一个凸函数，当且仅当函数 μ 的 Hesse 矩阵是半正定的"这一事实，而是使用 α-模的绝对齐次性质。由于省略了 Hesse 矩阵的运算，因此这里的方法要简单得多。

注 6.6 由上述证明可知，不管秘密源 $\mathcal{R}$（即弱源、SV 源、块源、BCL 源等）是什么源，只要 X 和 $f(X,R)$ 之间的 α-互信息的最大值足够小，则对于任意两个不同点 x_0 和 x_1 来说，$f(x_0,R)$ 和 $f(x_1,R)$ 之间的统计距离都足够小。

定理 6.11 如果一个隐私方案（即加密、种子提取器、弱位承诺、T-秘密共享、差异隐私）P 是 $(\mathcal{R}_n,\delta)$-α-互信息安全的，其中 $0<\delta<1$，则 P 是 $(\mathcal{R}_n,1-2H_\alpha^{-1}(1-\delta))$-统计安全的。

证明 对于任意 $j \in T$ 和查询函数 h 来说，分别将定理 6.10 中的函数 f 替换为 Enc、Ext、Com、Share_j，得证。

6.5 工作对比

回顾 Bellare 等人在参考文献[85]中得出的结果：对于加密方案来说，其 $(\mathcal{R}_n,\delta)$-互信息安全性意味着 $\sqrt{2\delta}$-统计安全性。通过借用差异隐私背景下的一些技术[86]，我们来改进参考文献[85]中的结果。更具体地，我们得到如下结果：如果 $\mathcal{A}$ 是一个 $(\mathcal{R}_n,\delta)$-互信息安全的加密方案，则 P 是 $(\mathcal{R}_n,1-2H_1^{-1}(1-\delta))$-统计安全的加密方案。由于参考文献[85]中的技术与参考文献[90]中的技术相似，因此，平行地，定理 6.9 是对参考文献[90]中的定理的改进。

虽然参考文献[86]已指出了一个研究方向：利用 Rényi 熵进行扩展，但得到的主要结果是"如果机制 $P_{Y|X^n}$ 满足 ϵ-DP，那么 $\sup_{P_{X^n}} I_\alpha^s(X^n;Y) \leqslant n\,\epsilon$ nats。"在这里，我们探索了相反的方向，并发现对于差分隐私机制，$(\mathcal{R}_n,\delta)$-α-互信息安全意味着 $(\mathcal{R}_n,1-2H_\alpha^{-1}(1-\delta))$-差分隐私。

6.6 本章小结

在本章中，我们从 α-互信息的角度研究了各种密码方案的安全性，包括传统的

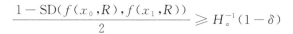

隐私(例如种子提取器、加密、承诺和秘密共享方案)和差异隐私。我们介绍了一系列隐私方案的 α-互信息安全的概念。我们提出了一个模块化和统一的框架进行研究，发现在特定参数约束下统计安全意味着互信息安全。我们将已有工作中的证明思想进行抽象，应用到更一般的隐私方案中，并采用 Zhang[92] 提出的更好的边界。此外，我们提出了一个模块化和统一的框架进行研究，得出结论：在某些其他参数约束下，α-互信息安全性意味着统计安全性(以 $\alpha=1$ 作为一个特例)。

一个额外的成果是对已有工作中加密和承诺方案的互信息安全和统计安全之间的关系进行了改进(例如参考文献[85,90,101])。在未来，我们将尝试进一步探索隐私方案中 α-互信息安全与统计安全之间的关系。

第7章 种子更短的非延展抽取器及其应用研究

本章研究基于弱源的一种特殊的密码学原语：非延展抽取器[108]。

考虑如下场景。Alice和Bob分享一个弱随机密钥$W\in\{0,1\}^n$，在公共信道中交互，在交互过程中敌手Eve可看到公共信道中交互的信息。秘密源W可以为人类可记忆的口令、生物数据、物理源或者部分泄露的秘密，因此仅能保证W的最小熵。目标是安全地商定$\{0,1\}^m$上的一个几乎均匀随机的秘密R。W的最小熵和公开种子的长度为这一场景中的两个重要的效率测量参数。在Eve为活跃的敌手（即他可以按任意方式篡改消息）的假设下，人们已研究了一些协议来达到这一目标[19-20,53,56-62]。

作为重要的进展，Dodis和Wichs首次提出了非延展抽取器的概念来研究隐私放大协议，其中敌手是活跃且计算能力无限的[59]。非延展抽取器定义为一个函数nmExt：$\{0,1\}^n\times\{0,1\}^d\rightarrow\{0,1\}^m$，该函数以最小熵为$\alpha$的弱随机秘密$W$和均匀随机种子$S$为输入，输出一个布尔字符串。当给出nmExt$(W,\mathcal{A}(S))$和$S$（本章的$\mathcal{A}$为满足$\mathcal{A}(S)\neq S$的任意函数）时，该字符串在统计意义上$\epsilon$-接近于均匀分布。这样就通过限制$R=\text{Ext}(W,S)$和$R'=\text{Ext}(W,S')$之间的关系来抵抗相关密钥攻击。他们证明了当参数满足一定条件时，存在(α,ϵ)-安全的非延展抽取器。

第一个明确的非延展抽取器是由Dodis等人构造的[58]。不过当输出多于对数多个位时，它的效率依赖于一个基于素数分布的长期猜想。2012年Cohen等人基于参考文献[63]中的抽取器构造了另一个明确的非延展抽取器[57]。他们的构造不依赖于任何猜想，相应的构造中的弱随机秘密的最小熵为$\alpha=\left(\frac{1}{2}+\delta\right)\cdot n$，均匀随机种子的长度为$d\geqslant\frac{23}{\delta}\cdot m+2\log n$（详见定理7.1）。不过此非延展抽取器的误差估计太粗糙了。另外，尽管参考文献[57]的主要目的是缩短种子的长度，但种子长度仍不是最短的。

本章的贡献和技术

(1) 对Raz(STOC'05)引入的抽取器[63]的误差估计进行改进。为简单起见，记γ_1为参考文献[57]中的抽取器的误差参数，γ_2为定理7.2中的误差参数。已知在

$\epsilon \geqslant 2^{-\frac{dk}{2}} \cdot k^k$ 且 $0<\delta<\frac{1}{2}$ 的前提下，Cohen 等人[57]得到 $\gamma_1=2^{\frac{(\frac{1}{2}-\delta)n}{k}} \cdot (2\epsilon)^{\frac{1}{k}}$。若 $\epsilon \geqslant \frac{1}{2^{(\frac{1}{2}-\delta)n+1}}$，则 $\gamma_1=2^{\frac{(\frac{1}{2}-\delta)n}{k}} \cdot (2\epsilon)^{\frac{1}{k}} \geqslant 1$。在这种情形下，误差估计是无意义的。一个主要的原因是，参考文献[57,63]的证明中用来限制误差估计的界的和的划分方法不是最优的，该方法没有抓住线性检测的偏差序列的本质(见定义 7.2)。本章提供另一种划分方法，利用组合和排列公式，给出和的一个更好的界，从而得到误差 $\gamma_2=2^{\frac{(\frac{1}{2}-\delta)n}{k}} \cdot \left\{2^{-\frac{dk}{2}} \cdot (k-1) \cdot (k-3) \cdot \cdots \cdot 1+\left[1-2^{-\frac{dk}{2}} \cdot (k-1) \cdot (k-3) \cdot \cdots \cdot 1\right] \cdot \epsilon\right\}^{\frac{1}{k}}$。对于任意正偶数 k 来说，都有 $\epsilon \geqslant 2^{-\frac{dk}{2}} \cdot k^k$ 且 $2^{-\frac{dk}{2}} \cdot k^k > 2^{-\frac{dk}{2}} \cdot (k-1) \cdot (k-3) \cdot \cdots \cdot 1$，故 $\gamma_1>\gamma_2$。为简化误差 γ_2，令 k 为一个特定的值。例如令 $k=4$，则误差 $\gamma_2=2^{\frac{(\frac{1}{2}-\delta)n}{4}} \cdot \left[2^{-2d} \cdot 3 \cdot (1-\epsilon)+\epsilon\right]^{\frac{1}{4}}$。

(2) 在误差估计的改进的基础上，对 Cohen 等人构造的非延展抽取器[57]的参数进行改进，得到一个(1 016,1/2)-安全的非延展抽取器 nmExt：$\{0,1\}^{1\,024} \times \{0,1\}^d \rightarrow \{0,1\}$，其中种子长度为 $d=19$。而根据参考文献[57]，种子长度则大于或等于 46/63+66。

(3) 对一般的明确的非延展抽取器的参数进行改进，并对参数限制进行化简。与参考文献[57]类似，这里的非延展抽取器也是利用关于线性检测有小的偏差的变量序列来构造的。

(4) 本章中还研究了本章的结果在非延展编码和隐私放大协议中的应用。

7.1　预备知识

为了与参考文献[57]中的结果保持一致，本章中我们利用 L_1 模来度量两个分布之间的距离。称分布 X ϵ-接近于分布 Y，若 $\|X-Y\|_1=\sum_s |\Pr[X=s]-\Pr[Y=s]| \leqslant \epsilon$①。

Chor 和 Goldreich 发现：(α,n)-源中的任一分布为 flat 源中的分布的一个凸组合[11]。因此，对于一般的弱源来说，在多数情况下，只需考虑 flat 源。

定义 7.1　称函数 Ext：$\{0,1\}^n \times \{0,1\}^d \rightarrow \{0,1\}^m$ 为一个(α,ϵ)-安全的种子抽取器，若对于任意最小熵为 α 的弱随机秘密 W 和$\{0,1\}^d$ 上的独立均匀随机变量 S

① 在其他文献(例如[32,53,59,109])和第 3 章中，称 X ϵ-接近于 Y，若 $\frac{1}{2}\|X-Y\|_1=\frac{1}{2}\sum_s |\Pr[X=s]-\Pr[Y=s]| \leqslant \epsilon$ 成立。

(称为种子)来说,Ext(W,S)的分布都ϵ-接近于均匀分布U_m。ϵ称为抽取器的误差。称种子抽取器为一个强(α,ϵ)-安全的抽取器,若对于上述 W 和 S 来说,联合分布(Ext(W,S),S)ϵ-接近于(U_m,U_d)①。

定义 7.2 称{0,1}上的随机变量 Z 是ϵ-有偏的,若 $\mathrm{bias}(Z)=|\Pr[Z=0]-\Pr[Z=1]|\leqslant\epsilon$成立(即 Z ϵ-接近于均匀分布)。称 0-1 随机变量序列 $Z_1,\cdots,Z_N$ 关于规模为 k 的线性检测是ϵ-有偏的,若对于任意满足$|\tau|\leqslant k$ 的非空 $\tau\subseteq[N]$来说,随机变量 $Z_\tau=\bigoplus_{i\in\tau}Z_i$ 均是ϵ-有偏的。我们也称序列 $Z_1,\cdots,Z_N$ ϵ-fools 规模为 k 的线性检测。

对于任意 $k',N\geqslant 2$ 来说,上述变量序列 $Z_1,\cdots,Z_N$ 可以利用 $2\cdot\lceil(1/\epsilon)+\log k'+\log\log N\rceil$个随机位明确地构造出来[110]。

由 Raz 引入的抽取器

Raz 基于 0-1 随机变量序列构造了抽取器[63],该随机变量序列关于某规模的线性检测有小的偏差。令 $Z_1,\cdots,Z_{m\cdot 2^d}$ 为用 n 位随机位构造出的对于规模为 k'的线性检测来说具有偏差ϵ的 0-1 随机变量。把集合$\{(i,s):i\in[m],s\in\{0,1\}^d\}$简记为$[m\cdot 2^d]$。把 $\mathrm{Ext}:\{0,1\}^n\times\{0,1\}^d\rightarrow\{0,1\}^m$ 定义为 $\mathrm{Ext}(w,s)=Z_{(1,s)}(w)\|Z_{(2,s)}(w)\cdots\|Z_{(m,s)}(w)$。Raz 得到结论:粗略地说,对于好的参数来说,Ext 为一个种子抽取器[63]。

Cohen 等人证明了上述抽取器是非延展抽取器[57]。本章将基于该结论给出非延展抽取器的构造方法。非延展抽取器的正式定义如下:

定义 7.3 (见参考文献[57])称函数 $\mathcal{A}:\{0,1\}^d\rightarrow\{0,1\}^d$ 为敌手函数,若对于任意 $s\in\{0,1\}^d$ 来说,都有 $f(s)\neq s$ 成立。称函数 $\mathrm{nmExt}:\{0,1\}^n\times\{0,1\}^d\rightarrow\{0,1\}^m$ 是一个(α,ϵ)-安全的非延展抽取器,若对于任意最小熵为 α 的分布 W,独立的均匀随机变量 S 及任意的敌手函数 $\mathcal{A}$ 来说,都有

$$\|(\mathrm{nmExt}(W,S),\mathrm{nmExt}(W,\mathcal{A}(S)),S)-(U_m,\mathrm{nmExt}(W,\mathcal{A}(S)),S)\|_1\leqslant\epsilon$$

Cohen 等人给出了非延展抽取器的明确的构造方法[57],相关定理如下:

定理 7.1 (见参考文献[57])对于任意整数 n、d、m,以及 $0<\delta<\frac{1}{2}$来说,若$d\geqslant\frac{23}{\delta}\cdot m+2\log n$,$n\geqslant\frac{160}{\delta}\cdot m$,且 $\delta\geqslant 10\cdot\frac{\log(nd)}{n}$,则存在明确的$\left(\left(\frac{1}{2}+\delta\right)\cdot n,2^{-m}\right)$-安全的非延展抽取器 $\mathrm{nmExt}:\{0,1\}^n\times\{0,1\}^d\rightarrow\{0,1\}^m$。

① 为了与参考文献[57]中的结果保持一致,本章中我们利用 L_1 模来定义抽取器,与第 3 章的定义方法有细微差别。

7.2　误差估计及对 Raz 引入的抽取器的改进

首先回顾参考文献[57]中的中心引理，该引理为关于 Raz 引入的抽取器[63]的误差估计的一个特例。然后指出该证明中的缺陷，并对误差估计进行改进。接着，把该结果与参考文献[57]中的结果进行对比，并粗略地说明该改进所起的作用。

1. Raz 引入的抽取器的一个特例

参考文献[57]中的中心引理如下。该引理的证明在本质上与参考文献[63]的方法相同，可被认为是 Raz 引入的抽取器[63]的一个特例。

引理 7.1　（见参考文献[57]）令 $D=2^d$。令 $Z_1,\cdots,Z_D$ 为一个 0－1 随机变量序列，该序列由 n 个随机位构造而成，且关于规模为 k' 的线性检验是 ϵ-有偏的。把 $\mathrm{Ext}^{(1)}:\{0,1\}^n\times\{0,1\}^d\to\{0,1\}$ 定义为 $\mathrm{Ext}^{(1)}(w,s)=Z_s(w)$，则对于任意 $0<\delta<\frac{1}{2}$ 和 $k=k'$ 来说，当 $k\cdot\left(\frac{1}{\epsilon}\right)^{\frac{1}{k}}\leqslant D^{\frac{1}{2}}$ 时，$\mathrm{Ext}^{(1)}$ 为一个 $\left(\left(\frac{1}{2}+\delta\right)\cdot n,\gamma_1\right)$-安全的种子抽取器，其中 $\gamma_1=\left[\epsilon\cdot 2^{\left(\frac{1}{2}-\delta\right)n+1}\right]^{\frac{1}{k}}$。

分析：令 W 为 $\{0,1\}^n$ 上的一个最小熵为 $\left(\frac{1}{2}+\delta\right)\cdot n$ 的分布。令 S 为 $\{0,1\}^d$ 上的一个独立于 W 的均匀分布。我们将证明分布 $\mathrm{Ext}^{(1)}(W,S)\,\gamma_1$-接近于均匀分布。正如参考文献[11]指出的，我们只需考虑 W 是规模为 $2^{(1/2+\delta)n}$ 的集合 $W'\subseteq\{0,1\}^n$ 上的均匀分布时的情形。对于任意 $w\in\{0,1\}^n$ 和 $s\in\{0,1\}^d$ 来说，记 $e(w,s)=(-1)^{Z_s(w)}$。

断言 7.1　对于任意 $r\in[k]$ 及任意互不相同的 $s_1,\cdots,s_r\in\{0,1\}^d$ 来说，

$$\sum_{w\in\{0,1\}^n}\prod_{j=1}^{r}e(w,s_j)\leqslant\epsilon\cdot 2^n$$

证明

$$\sum_{w\in\{0,1\}^n}\prod_{j=1}^{r}e(w,s_j)=\sum_{w\in\{0,1\}^n}\prod_{j=1}^{r}(-1)^{Z_{s_j}(w)}=\sum_{w\in\{0,1\}^n}(-1)^{Z_{s_1}(w)\oplus\cdots\oplus Z_{s_r}(w)}\leqslant\epsilon\cdot 2^n$$

最后一个不等式成立的原因：$Z_{s_1}(w)\oplus\cdots\oplus Z_{s_r}(w)$ 是 ϵ-有偏的。

$\mathrm{Ext}^{(1)}(W,S)$ 与 U 之间的 L_1 距离为

$$\begin{aligned}&\|\mathrm{Ext}^{(1)}(W,S)-U\|_1\\&=|\Pr[\mathrm{Ext}^{(1)}(W,S)=0]-\Pr[\mathrm{Ext}^{(1)}(W,S)=1]|\\&=\left|\frac{1}{2^{\left(\frac{1}{2}+\delta\right)n}}\cdot\frac{1}{2^d}\Big(\sum_{w\in W'}\sum_{s\in\{0,1\}^d}e(w,s)\Big)\right|\end{aligned}$$

记

$$\gamma(W,S)=\frac{1}{2^{\left(\frac{1}{2}+\delta\right)n}}\cdot\frac{1}{2^d}\left(\sum_{w\in W'}\sum_{s\in\{0,1\}^d}e(w,s)\right)$$

把 $f:[-1,1]\to[-1,1]$定义为 $f(z)=z^k$，则对于任意正偶数 k，f 为一个凸函数。因此，由关于凸函数的讨论可得

$$\begin{aligned}2^{\left(\frac{1}{2}+\delta\right)n}\cdot(2^d\cdot\gamma(W,S))^k&=2^{\left(\frac{1}{2}+\delta\right)n}\cdot\left\{\sum_{w\in W'}\left[\frac{1}{2^{(1/2+\delta)n}}\sum_{s\in\{0,1\}^d}e(w,s)\right]\right\}^k\\&\leqslant 2^{\left(\frac{1}{2}+\delta\right)n}\cdot\left\{\sum_{w\in W'}\frac{1}{2^{(1/2+\delta)n}}\left[\sum_{s\in\{0,1\}^d}e(w,s)\right]^k\right\}\\&\leqslant\sum_{w\in\{0,1\}^n}\left[\sum_{s\in\{0,1\}^d}e(w,s)\right]^k\\&=\sum_{w\in\{0,1\}^n}\sum_{s_1,\cdots,s_k\in\{0,1\}^d}\prod_{j=1}^k e(w,s_j)\\&=\sum_{s_1,\cdots,s_k\in\{0,1\}^d}\sum_{w\in\{0,1\}^n}\prod_{j=1}^k e(w,s_j)\end{aligned}$$

$s_1,\cdots,s_k\in\{0,1\}^d$ 上的和可分为两个子和。第一个子和在 $s_1,\cdots,s_k\in\{0,1\}^d$ 上，满足：在每个加法项中，至少一个 s_j 与序列 $s_1,\cdots,s_k$ 中的所有其他元素都不相同；第二个子和在 $s_1,\cdots,s_k\in\{0,1\}^d$ 上，满足：在每个加法项中，每个 s_j 至少与序列 $s_1,\cdots,s_k$ 中的一个其他元素相同。第一个子和的加法项的个数的上界为 $2^{d\cdot k}$，由断言 7.1 可得，每个加法项的上界为 $2^n\cdot\epsilon$；第二个子和的加法项的个数的上界为 $2^{d\cdot\frac{k}{2}}\cdot\left(\frac{k}{2}\right)^k$，每个加法项的上界为 2^n。因此，

$$2^{\left(\frac{1}{2}+\delta\right)n}\cdot 2^{d\cdot k}\cdot\gamma(W,S)^k\leqslant 2^n\cdot\epsilon\cdot 2^{d\cdot k}+2^n\cdot 2^{d\cdot\frac{k}{2}}\cdot\left(\frac{k}{2}\right)^k\leqslant 2\cdot 2^n\cdot\epsilon\cdot 2^{d\cdot k}$$

这里最后一个不等式成立是由于 $k\cdot(1/\epsilon)^{1/k}\leqslant D^{\frac{1}{2}}$。

从而，$|\gamma(W,S)|\leqslant\left(\epsilon\cdot 2^{\left(\frac{1}{2}-\delta\right)n+1}\right)^{\frac{1}{k}}$。

上述关于和的划分方法不是最优的，因为它没有抓住关于某规模的线性检验有小的偏差的随机变量序列的实质（见定义 7.2）。另外，关于这两个子和的加法项的个数的界太大了。参考文献[63]中存在同样的问题。

事实上，在至少一个 s_j 在序列 $s_1,\cdots,s_k$ 中出现奇数次的假设下，当任意 s_j 与序列 $s_1,\cdots,s_k$ 中的至少一个其他元素相同时，加法项 $\sum_{w\in\{0,1\}^n}\prod_{j=1}^k e(w,s_j)$ 仍以 $2^n\cdot\epsilon$为上界，这是由于 $\sum_{w\in\{0,1\}^n}\prod_{j=1}^k e(w,s_j)=\sum_{w\in\{0,1\}^n}\prod_{j=1}^k(-1)^{Z_{s_j}(w)}=\sum_{w\in\{0,1\}^n}(-1)^{Z_{s_1}(w)\oplus\cdots\oplus Z_{s_k}(w)}$，且 $Z_1,\cdots,Z_D$ 是关于规模为 k'的线性检验具有偏差ϵ的 0－1 随机变量序列。然而，

在这种情况下，参考文献[57,63]则把加法项 $\sum_{w\in\{0,1\}^n}\prod_{j=1}^{k}e(w,s_j)$ 的上界限定为 2^n。

2. 误差估计的改进

我们对 Raz 引入的抽取器的误差估计进行改进如下：不像参考文献[57,63]那样，这里给出关于和的另一种划分方法。采用组合和排列公式来给出和的紧上界。相应地，可得到误差。

命题 7.1　令 k 和 d 为两个固定的正整数。假设序列 $s_1,\cdots,s_k$ 满足以下两条性质：

(1) 对于任意 $i\in[k]$，均有 $s_i\in\{0,1\}^d$；

(2) 对于任意 $j\in[k]$，s_j 均在序列 $s_1,\cdots,s_k$ 中出现偶数次，

则满足上述两条性质的序列 $s_1,\cdots,s_k$ 的个数为 $2^{\frac{dk}{2}}\cdot(k-1)\cdot(k-3)\cdot\cdots\cdot1$。

证明　记 C_r^l 为从 l 个不同元素中取出 r 个元素的所有组合的个数，则 $C_r^l=\dfrac{l!}{r!\,(l-r)!}=\dfrac{l(l-1)(l-2)\cdots(l-r+1)}{r!}$。记 P_r^l 为从 l 个不同元素中取出 r 个元素的所有排列的个数，则 $P_r^l=\dfrac{l!}{(l-r)!}=l(l-1)(l-2)\cdots(l-r+1)$。因此，相应的序列的个数为

$$\frac{C_2^k\cdot C_2^{k-2}\cdot\cdots\cdot C_2^2}{P_{\frac{k}{2}}^{\frac{k}{2}}}\cdot2^{\frac{dk}{2}}=\frac{k!\cdot\dfrac{1}{2^{\frac{k}{2}}}}{\left(\dfrac{k}{2}\right)!}\cdot2^{\frac{dk}{2}}=\frac{k!}{\left(\dfrac{k}{2}\right)!\cdot2^{\frac{k}{2}}}\cdot2^{\frac{dk}{2}}$$

$$=2^{\frac{dk}{2}}\cdot(k-1)\cdot(k-3)\cdot\cdots\cdot1$$

定理 7.2　令 $D=2^d$。令 $Z_1,\cdots,Z_D$ 为建立在 n 个随机位上的关于规模为 k' 的线性检验具有偏差 ϵ 的 0－1 随机变量序列。把 $\mathrm{Ext}^{(1)}:\{0,1\}^n\times\{0,1\}^d\to\{0,1\}$ 定义为 $\mathrm{Ext}^{(1)}(w,s)=Z_s(w)$，则对于任意正偶数 $k=k'$ 来说，$\mathrm{Ext}^{(1)}$ 是一个 (α,γ_2)-安全的种子抽取器，其中 $\gamma_2=2^{\frac{n-\alpha}{k}}\cdot\left[2^{-\frac{dk}{2}}\cdot(k-1)\cdot(k-3)\cdot\cdots\cdot1\cdot(1-\epsilon)+\epsilon\right]^{\frac{1}{k}}$。

证明　本书通过另一种方法对和 $\sum_{s_1,\cdots,s_k\in\{0,1\}^d}\sum_{w\in\{0,1\}^n}\prod_{j=1}^{k}e(w,s_j)$ 进行划分，从而对原证明进行改进。第一个子和在 $s_1,\cdots,s_k\in\{0,1\}^d$ 上，满足：在每一个加法项中至少一个 s_j 在序列 $s_1,\cdots,s_k$ 中出现奇数次；第二个子和在 $s_1,\cdots,s_k\in\{0,1\}^d$ 上，满足：在每一个加法项中每个 s_j 在序列 $s_1,\cdots,s_k$ 中出现偶数次。由命题 7.1 得，第二个子和所含的加法项的个数为 $2^{\frac{dk}{2}}\cdot(k-1)\cdot(k-3)\cdot\cdots\cdot1$，且每个加法项为 2^n。因此，第一个子和所含的加法项的个数为 $2^{dk}-2^{\frac{dk}{2}}\cdot(k-1)\cdot(k-3)\cdot\cdots\cdot1$，由上

述断言,每个加法项的界为 $2^n\cdot\epsilon$。因此,$2^{\alpha}\cdot 2^{d\cdot k}\cdot\gamma(W,S)^k\leqslant 2^n\cdot\left[2^{\frac{dk}{2}}\cdot(k-1)\cdot(k-3)\cdot\cdots\cdot 1\right]+2^n\cdot\epsilon\cdot\left[2^{dk}-2^{\frac{dk}{2}}\cdot(k-1)\cdot(k-3)\cdot\cdots\cdot 1\right]$,从而,

$$\gamma(W,S)^k\leqslant\frac{2^n\cdot 2^{dk}}{2^{\alpha}\cdot 2^{dk}}\cdot\left[2^{-\frac{dk}{2}}\cdot(k-1)\cdot(k-3)\cdot\cdots\cdot 1\cdot(1-\epsilon)+\epsilon\right]$$

$$=2^{n-\alpha}\cdot\left[2^{-\frac{dk}{2}}\cdot(k-1)\cdot(k-3)\cdot\cdots\cdot 1\cdot(1-\epsilon)+\epsilon\right]$$

相应地,$|\gamma(W,S)|\leqslant 2^{\frac{n-\alpha}{k}}\cdot\left[2^{-\frac{dk}{2}}\cdot(k-1)\cdot(k-3)\cdot\cdots\cdot 1\cdot(1-\epsilon)+\epsilon\right]^{\frac{1}{k}}$

3. 比　较

为简单起见,在本章的其余部分记 γ_1 为引理 7.1 中的抽取器的误差,而 γ_2 为定理 7.2 中的抽取器的误差。

命题 7.2　对于任意正偶数 k 来说,都有 $2^{\frac{dk}{2}}\cdot(k-1)\cdot(k-3)\cdot\cdots\cdot 1\leqslant 2^{d\cdot\frac{k}{2}}\cdot\left(\frac{k}{2}\right)^k$,且"="成立当且仅当 $k=2$。

证明　当 $k=2$ 时,易证 $2^{\frac{dk}{2}}\cdot(k-1)\cdot(k-3)\cdot\cdots\cdot 1=2^{d\cdot\frac{k}{2}}\cdot\left(\frac{k}{2}\right)^k$。

下面仅考虑满足 $k>2$ 的任意正偶数 k。

由于 $\dfrac{k!}{\left(\frac{k}{2}\right)!}<\dfrac{k^k}{2^{\frac{k}{2}}}$,故 $\dfrac{k!}{\left(\frac{k}{2}\right)!\cdot 2^{\frac{k}{2}}}<\dfrac{k^k}{2^k}$。因此,

$$2^{\frac{dk}{2}}\cdot(k-1)\cdot(k-3)\cdot\cdots\cdot 1=2^{\frac{dk}{2}}\cdot\frac{k!}{\left(\frac{k}{2}\right)!\cdot 2^{\frac{k}{2}}}<2^{\frac{dk}{2}}\cdot\frac{k^k}{2^k}$$

(1) 当 k 足够大时,$\left(\frac{k}{2}\right)^k$ 比 $(k-1)\cdot(k-3)\cdot\cdots\cdot 1$ 大很多。例如,当 $k=6$ 时,有 $\left(\frac{k}{2}\right)^k=729$ 且 $(k-1)\cdot(k-3)\cdot\cdots\cdot 1=15$。因此,定理 7.2 的证明中的"第二个子和所含加法项的个数为 $2^{\frac{dk}{2}}\cdot(k-1)\cdot(k-3)\cdot\cdots\cdot 1$,且每个加法项为 2^n"较之引理 7.1 的证明中的"第二个子和所含加法项的个数的上界为 $2^{d\cdot\frac{k}{2}}\cdot\left(\frac{k}{2}\right)^k$,且每个加法项的界为 2^n"(见参考文献[57])是一个大的改进。

(2) 定理 7.1 中的抽取器的误差估计比引理 7.1 中的相应结果更好。在 $\epsilon\geqslant 2^{-\frac{dk}{2}}\cdot k^k$ 且 $0<\delta<\frac{1}{2}$ 的假设下,$\gamma_1=2^{\frac{\left(\frac{1}{2}-\delta\right)n}{k}}\cdot(2\epsilon)^{\frac{1}{k}}$,$\gamma_2=2^{\frac{\left(\frac{1}{2}-\delta\right)n}{k}}\cdot\left[2^{-\frac{dk}{2}}\cdot(k-1)\cdot(k-3)\cdot\cdots\cdot 1\cdot(1-\epsilon)+\epsilon\right]^{\frac{1}{k}}=2^{\frac{\left(\frac{1}{2}-\delta\right)n}{k}}\cdot\Big\{2^{-\frac{dk}{2}}\cdot(k-1)\cdot$

$(k-3)\cdot\cdots\cdot 1+[1-2^{-\frac{dk}{2}}\cdot(k-1)\cdot(k-3)\cdot\cdots\cdot 1]\cdot\epsilon\}^{\frac{1}{k}}$。

由于对于任意偶数 k 来说，有 $\epsilon\geqslant 2^{-\frac{dk}{2}}\cdot k^k$ 且 $2^{-\frac{dk}{2}}\cdot k^k>2^{-\frac{dk}{2}}\cdot(k-1)\cdot(k-3)\cdot\cdots\cdot 1$，故 $\gamma_1>\gamma_2$。另外，根据 Stirling 公式，有

$$2^{-\frac{dk}{2}}\cdot(k-1)\cdot(k-3)\cdot\cdots\cdot 1=2^{-\frac{dk}{2}}\cdot\frac{k!}{\left(\frac{k}{2}\right)!\cdot 2^{\frac{k}{2}}}$$

$$\approx 2^{\frac{1-dk}{2}}\cdot\frac{\left(\frac{k}{\mathrm{e}}\right)^k}{\left(\frac{k}{2\mathrm{e}}\right)^{\frac{k}{2}}\cdot 2^{\frac{k}{2}}}=2^{\frac{1-dk}{2}}\cdot\left(\frac{k}{\mathrm{e}}\right)^{\frac{k}{2}}$$

(3) 若 $\epsilon\geqslant\frac{1}{2^{\left(\frac{1}{2}-\delta\right)n+1}}$，则 $\gamma_1=2^{\frac{\left(\frac{1}{2}-\delta\right)n}{k}}\cdot(2\epsilon)^{\frac{1}{k}}\geqslant 1$。在该情形下，误差估计是没有意义的。

(4) 为化简 γ_2，令 k 为一个特定值。例如，令 $k=4$，则误差

$$\gamma_2=2^{\frac{\left(\frac{1}{2}-\delta\right)n}{4}}\cdot[2^{-2d}\cdot 3\cdot(1-\epsilon)+\epsilon]^{\frac{1}{4}}$$

4. 重要作用

值得注意的是，γ 限制了定理 7.1 中的参数。定理 7.1 的证明的主要思想如下：假设 Ext 不是一个非延展抽取器，则一些步聚以后，可推得不等式 $\gamma_1>A$，这里 A 为某一式子。另一方面，由定理 7.1 中的假设，$\gamma_1<A$ 应成立。因此，Ext 是一个非延展抽取器。从本质上说，定理 7.1 中关于参数的限制是根据不等式 $\gamma_1<A$ 来确定的。由命题 7.2 可得，对于任意正偶数 $k\geqslant 4$ 来说，有 $\gamma_1>\gamma_2$。因此，我们可以根据 $\gamma_2<A$ 来对定理 7.1 中的参数限制进行放松。相应地，种子长度可进一步缩短。

7.3　具体的种子更短的非延展抽取器

本节把 Cohen 等人[57]给出的明确的非延展抽取器的参数进行改进。这里的种子长度比定理 7.1 中的更短。然后把参考文献[57]中的一般的非延展抽取器的参数进行改进，并分析如何化简参数限制。

7.3.1　特殊的构造方法及其分析

首先回顾两个引理。

引理 7.2　(见参考文献[57])令 X 为 $\{0,1\}^m$ 上的随机变量。令 Y、S 为两个随机变量，则

$$\|(X,Y,S)-(U_m,Y,S)\|_1=\mathbb{E}_{s\sim S}[\|(X,Y,S)|_{S=s}-(U_m,Y,S)|_{S=s}\|_1]$$

引理 7.3 （见参考文献[57]）令 X 和 Y 分别为 $\{0,1\}^m$ 和 $\{0,1\}^n$ 上的随机变量，则

$$\|(X,Y)-(U_m,Y)\|_1\leqslant\sum_{\varnothing\neq\sigma\subseteq[m],\tau\subseteq[n]}\text{bias}(X_\sigma\oplus Y_\tau)$$

其中，X_i 为 X 的第 i 位，Y_j 为 Y 的第 j 位，$X_\sigma=\bigoplus_{i\in\sigma}X_i$ 且 $Y_\tau=\bigoplus_{j\in\tau}Y_j$。

定理 7.3 存在明确的$\left(1\,016,\dfrac{1}{2}\right)$-安全的非延展抽取器 Ext：$\{0,1\}^{1\,024}\times\{0,1\}^{19}\rightarrow\{0,1\}$。

分析：我们借鉴定理 7.1 中的归谬法。证明框架如下：

假设 Ext 不是$\left(1\,016,\dfrac{1}{2}\right)$-安全的非延展抽取器，则

阶段 1：必定存在一个最小熵至少为 α 的弱随机秘密 W 和一个敌手函数 $\mathcal{A}$，使得(Ext(W,S)，Ext($W,\mathcal{A}(S)$)，S)与(U_1，Ext($W,\mathcal{A}(S)$)，S)之间的统计距离有一个下界，则存在 $S\subseteq\{0,1\}^d$，使得对于任意 $s\in S$ 来说，$Y_s=\text{Ext}(W,s)\oplus\text{Ext}(W,\mathcal{A}(s))$ 均是有一定偏差的。考虑有向图 $G=(S\cup\mathcal{A}(s),E)$，其中 $E=\{(s,\mathcal{A}(s):s\in S\}$，$G$ 可能包含环。利用参考文献[57]中的关于图的引理可找到子集 $S'\subseteq S$，使得由 $S'\cup\mathcal{A}(S')$ 诱导的 G 的子图是无环的。

阶段 2：证明随机变量序列$\{Y_s\}_{s\in S'}$关于规模至多为 $k/2$ 的线性检验具有偏差ϵ。考虑建立在变量集合$\{Y_s\}_{s\in S'}$上的 Raz 引入的抽取器。该抽取器为一个好的种子-抽取器，从而推出矛盾。

阶段 1 基本上与参考文献[57]中的方法一致。阶段 2 跳出了参考文献[57]的思路。这里利用定理 7.2 而非引理 7.1 中的关于种子抽取器的误差估计。本章不需要像引理 7.1 的证明那样来证明 $k\cdot\left(\dfrac{1}{\epsilon}\right)^{\frac{1}{k}}\leqslant(m\cdot 2^d)^{\frac{1}{2}}$。这里利用一个技巧使得偶数 k 仅为 4 而非一个不大于$\dfrac{\lceil 128\delta\rceil}{2}$的最大的偶数，其中 δ 为定理 7.1 中的 δ，从而使得抽取器的误差估计可得到简化。

证明 这里的非延展抽取器的构造方法与参考文献[63]中的相同。

Alon 等人发现：对于任意 k' 及 $N\geqslant 2$ 来说，可以利用 $2\cdot\lceil\log(1/\epsilon)+\log k'+\log\log N\rceil$个随机位来建立一个 0-1 随机变量序列，该序列关于规模为 k' 的线性检验是ϵ-有偏的[110]。因此，令 $D=2^{19}$ 且$\epsilon=2^{-\frac{n}{2}+r}$，其中 $r=1+\log k'+\log 19$，则可以利用 n 个随机位来构造一个 0-1 随机变量序列 $Z_1,\cdots,Z_{2^{19}}$，该序列关于规模为 k' 的线性检验是ϵ-有偏的。令 $k'=8$。将 Ext：$\{0,1\}^{1\,024}\times\{0,1\}^{19}\rightarrow\{0,1\}^m$ 定义为 $\text{Ext}(w,s)=Z_s(w)$。

令 S 为$\{0,1\}^{19}$ 上的均匀分布。假设 Ext 不是一个$\left(1\,016,\dfrac{1}{2}\right)$-安全的非延展抽

取器，则存在长度为 1 024、最小熵为 1 016 的分布 W 及敌手函数 $\mathscr{A}$：$\{0,1\}^{19}\to\{0,1\}^{19}$，使得

$$\|(\mathrm{Ext}(W,S),\mathrm{Ext}(W,\mathscr{A}(S)),S)-(U_1,\mathrm{Ext}(W,\mathscr{A}(S)),S)\|_1>\frac{1}{2}$$

如参考文献[11]那样，这里假设 W 为规模为 $2^{1\,016}$ 的子集 $W'\subseteq\{0,1\}^{1\,024}$ 上的均匀分布。

对于任意 $s\in\{0,1\}^{19}$ 来说，令 X_s 为随机变量 $\mathrm{Ext}(W,s)$。由引理 7.2 和引理 7.3 可得

$$\sum_{\varnothing\neq\sigma\subseteq[1],\tau\subseteq[1]}\mathbb{E}_{s\sim S}[\mathrm{bias}((X_s)_\sigma\oplus(X_{\mathscr{A}(s)})_\tau)]>\frac{1}{2}$$

令 $\sigma^*,\tau^*\subseteq[1]$ 为上述和中一个最大的加法项对应的指标。对于任意 $s\in\{0,1\}^{19}$ 来说，令 $Y_s=(X_s)_{\sigma^*}\oplus\left(X_{\mathscr{A}(s)}\right)_{\tau^*}$。

存在集合 $S''\subseteq\{0,1\}^{19}$ 满足 $|S''|>\dfrac{2^{-1}\cdot 2^{19-2}}{2(1+1)^2}=2^{13}$。这里的 S'' 的取法与定理 7.1 的证明中的 S'' 的取法在本质上是一样的(详见参考文献[57])。

定义 $\{0,1\}$ 上的随机变量 $Y_{S''}$ 如下：为了从分布 $Y_{S''}$ 提取一位，从 S'' 中抽取均匀随机串 s，然后独立地从 W' 中抽取均匀随机串 w。

被抽取的样本值为 $Y_s(w)$，从而得到 $\mathrm{bias}(Y_{S''})>\dfrac{\frac{1}{2}}{2^{1+1}(2\text{-}1)(1+1)}=\dfrac{1}{2^4}$。对于任意 $s\in S''$ 来说，令 $Y'_s=Z_{(1,s)}\oplus(\oplus_{j\in\tau^*}Z_{(j,\mathscr{A}(s))})$，其中 $Z_{(1,s)}=Z_s$。

在参考文献[57]的断言 7.2 中，令 $t=1$ 且 $m=1$，可得如下断言：

断言 7.2　随机变量序列 $\{Y'_s\}_{s\in S''}$ ϵ-fools 规模为 $\dfrac{k'}{2}$ 的线性检验。

我们在随机变量 $\{Y'_s\}_{s\in S''}$ 集合上利用定理 7.2。为方便表述，假设 $|S''|=2^{d'}$。由定理 7.2 可得，分布 $\mathrm{Ext}^{(1)}(W,S'')$ 是 γ-有偏的，这里 $\gamma=2^{\frac{8}{k}}\cdot\left[2^{-\frac{d'k}{2}}\cdot(k-1)\cdot(k-3)\cdot\cdots\cdot 1\cdot(1-\epsilon)+\epsilon\right]^{\frac{1}{k}}$。

令 $k=\dfrac{k'}{2}=4$，则 $\gamma=2^{\frac{8}{4}}\cdot[2^{-2d'}\cdot 3\cdot(1-\epsilon)+\epsilon]^{\frac{1}{4}}$。注意到 $\mathrm{Ext}^{(1)}(W,S'')$ 与 $Y_{S''}$ 的分布相同。特别地，两个随机变量有相同的偏差。因此

$$2^{\frac{8}{4}}\cdot[2^{-2d'}\cdot 3\cdot(1-\epsilon)+\epsilon]^{\frac{1}{4}}\geqslant\mathrm{bias}(Y_{S''})>\frac{1}{2^4}$$

另外，由于 $2^{d'}=|S''|>2^{13}$，故

$$2^2\cdot[4\cdot 2^{-28}\cdot 3\cdot(1-\epsilon)+\epsilon]^{\frac{1}{4}}>2^2\cdot[2^{-2d'}\cdot 3\cdot(1-\epsilon)+\epsilon]^{\frac{1}{4}}>\frac{1}{2^4}$$

即

$$2^{-38} > \frac{2^{-4} \cdot 2^{-20} - \epsilon}{3(1-\epsilon) \cdot 2^{12}} \tag{7-1}$$

这里$\epsilon = 2^{-516+r}$且$r = 4 + \log 19$。

另一方面，有

$$2^{-38} < \frac{2^{-4} \cdot 2^{-20} - \epsilon}{3(1-\epsilon) \cdot 2^{10} \cdot 2^{2}} \tag{7-2}$$

这与不等式(7-1)矛盾。

对比：

在定理 7.1 中，当种子长度 d 和弱随机秘密的长度 n 满足 $d \geqslant \frac{23}{\delta} m + 2\log n$ $\left(\text{其中 } 0 < \delta < \frac{1}{2}\right)$时，构造出了明确的非延展抽取器；然而在上述构造中，当 $d = 1.9\log n$ 时，也得到了明确的非延展抽取器。

更具体地，一方面，在定理 7.1 的证明中，当种子长度 d 满足 $d \geqslant \frac{23}{\delta} \cdot m + 2\log n = \frac{46}{63} + 66$ 时，得到了明确的$\left(1\,016, \frac{1}{2}\right)$-安全的非延展抽取器 nmExt：$\{0,1\}^{1\,024} \times \{0,1\}^{d} \rightarrow \{0,1\}$。此外，易证 $n \geqslant \frac{160}{\delta} \cdot m$ $\left(\text{其中}, n = 1\,024, m = 1, \text{且 } \delta = \frac{504}{1\,024}\right)$，且当 $d \leqslant 2^{41}$ 时，定理 7.1 中的前提条件 $\delta \geqslant 10 \cdot \frac{\log(nd)}{n}$ 成立。而另一方面，由定理 7.3 可得，种子长度 d 可仅为 19。在这个意义上，本章的构造比参考文献[57]中的更好。

7.3.2 一般的构造方法及其分析

定理 7.4 假设

$$0 < 2^{\log 3 - 2\theta + 4m + 8} - 2^{\log 3 - \frac{n}{2} + 4 + \log d - 2\theta + 4m + 8} \leqslant 2^{2d + 4\theta - 8m - 8 - n + \alpha} - 2^{2d - \frac{n}{2} + 4 + \log d} \tag{7-3}$$

则存在一个明确的$(\alpha, 2^{\theta})$-安全的非延展抽取器 nmExt：$\{0,1\}^{n} \times \{0,1\}^{d} \rightarrow \{0,1\}^{m}$。

证明 这里的明确的抽取器的构造方法与参考文献[63]中的相同。

Alon 等人发现：对于任意 k' 及 $N \geqslant 2$ 来说，可以利用 $2 \cdot \lceil (1/\epsilon) + \log k' + \log\log N \rceil$ 个随机位来建立一个 0-1 随机变量序列，该序列关于规模为 k' 的线性检验具有偏差ϵ[110]。因此，令 $D = 2^{d}$ 且$\epsilon = 2^{-\frac{n}{2} + r}$，其中 $r = 1 + \log k' + \log\log D$，则可以利用 n 个随机位来构造一个 0-1 随机变量序列 $Z_1, \cdots, Z_D$，该序列关于规模为 k' 的线性检验是ϵ-有偏的。令 $k' = 8m$。把$[D]$理解为集合$\{(i,s): i \in [m], s \in \{0,1\}^{d}\}$。把 Ext：$\{0,1\}^{n} \times \{0,1\}^{d} \rightarrow \{0,1\}^{m}$ 定义为 $\text{Ext}(w,s) = Z_{(1,s)}(w) \parallel Z_{(2,s)}(w) \parallel \cdots \parallel Z_{(m,s)}(w)$。

令 S 为 $\{0,1\}^d$ 上的均匀分布。假设 Ext 不是一个 $(\alpha, 2^{\theta})$-安全的非延展抽取器，则存在长度为 n、最小熵为 α 的分布 W，以及敌手函数 $\mathcal{A}$：$\{0,1\}^d \to \{0,1\}^d$ 使得

$$\|(\mathrm{Ext}(W,S),\mathrm{Ext}(W,\mathcal{A}(S)),S)-(U_m,\mathrm{Ext}(W,\mathcal{A}(S)),S)\|_1 > 2^{\theta}$$

如参考文献[11]那样，这里假设 W 是规模为 2^{α} 的子集 $W' \subseteq \{0,1\}^n$ 上的均匀分布。

对于任意 $s \in \{0,1\}^d$ 来说，令 X_s 为随机变量 $\mathrm{Ext}(W,s)$。由引理 7.2 和引理 7.3，可得

$$\sum_{\varnothing \neq \sigma \subseteq [m], \tau \subseteq [m]} \mathbb{E}_{s \sim S}[\mathrm{bias}((X_s)_{\sigma} \oplus (X_{\mathcal{A}(s)})_{\tau})] > 2^{\theta}$$

令 $\sigma^*, \tau^* \subseteq [m]$ 为上述和中一个最大的加法项对应的指标。对于任意 $s \in \{0,1\}^d$ 来说，令 $Y_s = (X_s)_{\sigma^*} \oplus (X_{\mathcal{A}(s)})_{\tau^*}$。

存在集合 $S'' \subseteq \{0,1\}^d$ 满足

$$|S''| > \frac{2^{\theta} \cdot 2^{d-2}}{2^{mt}(2^m-1)(t+1)^2} = \frac{2^{\theta} \cdot 2^{d-2}}{2^{m+2}(2^m-1)}$$

这里的 S'' 的取法与定理 7.1 的证明中的 S'' 的取法在本质上是一样的(详见参考文献[57])。

定义 $\{0,1\}$ 上的随机变量 $Y_{S''}$ 如下：为了从分布 $Y_{S''}$ 提取一位，从 S'' 中抽取均匀随机串 s，然后独立地从 W' 中抽取均匀随机串 w。

被抽取的样本值为 $Y_s(w)$，从而得到

$$\mathrm{bias}(Y_{S''}) > \frac{2^{\theta}}{2^{mt+1}(2^m-1)(t+1)} = \frac{2^{\theta}}{2^{m+2}(2^m-1)}$$

对于任意 $s \in S''$ 来说，令 $Y'_s = \bigoplus_{i \in \sigma^*} Z_{(i,s)} \oplus \left(\bigoplus_{j \in \tau^*} Z_{(j,\mathcal{A}(s))}\right)$。

在参考文献[57]的断言 7.2 中，令 $t=1$，可得如下断言：

断言 7.3　随机变量序列 $\{Y'_s\}_{s \in S''}$ ϵ-fools 规模为 $\frac{k'}{(t+1)m}=4$ 的线性检验。

我们在随机变量 $\{Y'_s\}_{s \in S''}$ 集合上利用定理 7.2。为方便表述，假设 $|S''| = 2^{d'}$。由定理 7.2 可得，分布 $\mathrm{Ext}^{(1)}(W,S'')$ 是 γ_2-有偏的，这里

$$\gamma_2 = 2^{\frac{n-\alpha}{k}} \cdot \left[2^{-\frac{d'k}{2}} \cdot (k-1) \cdot (k-3) \cdot \cdots \cdot 1 \cdot (1-\epsilon) + \epsilon\right]^{\frac{1}{k}}$$

令 $k=4$，则 $\gamma_2 = 2^{\frac{n-\alpha}{4}} \cdot [2^{-2d'} \cdot 3 \cdot (1-\epsilon)+\epsilon]^{\frac{1}{4}}$。注意到 $\mathrm{Ext}^{(1)}(W,S'')$ 与 $Y_{S''}$ 的分布相同。特别地，两个随机变量有相同的偏差。因此

$$2^{\frac{n-\alpha}{4}} \cdot [2^{-2d'} \cdot 3 \cdot (1-\epsilon)+\epsilon]^{\frac{1}{4}} \geqslant \mathrm{bias}(Y_{S''}) > \frac{2^{\theta}}{2^{m+2}(2^m-1)}$$

另外，由于 $2^{d'} = |S''| > \frac{2^{\theta} \cdot 2^{d-2}}{2^{m+2}(2^m-1)}$，故

$$2^{\frac{n-\alpha}{4}} \cdot [(2^{\theta})^{-2} \cdot 2^{-2d+2m+8} \cdot (2^m-1)^2 \cdot 3 \cdot (1-\epsilon)+\epsilon]^{\frac{1}{4}} > \frac{2^{\theta}}{2^{m+2} \cdot (2^m-1)}$$

从而，

$$2^{n-\alpha}\cdot[2^{-2\theta}\cdot 2^{-2d+4m+8}\cdot 3\cdot(1-\epsilon)+\epsilon]>\frac{2^{4\theta}}{2^{8m+8}}$$

即

$$2^{-2d}>\frac{2^{4\theta-8m-8-n+\alpha}-2^{-\frac{n}{2}+4+\log d}}{3\left(1-2^{-\frac{n}{2}+4+\log d}\right)2^{-2\theta+4m+8}} \tag{7-4}$$

不等式(7-4)与不等式(7-3)(即该定理的假设条件)矛盾。

该定理的证明与定理7.3类似。

对假设的分析：

为了构造一个明确的非延展抽取器，只需确保参数满足

$$0<2^{\log 3}\cdot\left(1-2^{-\frac{n}{2}+4+\log d}\right)\cdot 2^{-2\theta+4m+8}\leqslant 2^{2d+4\theta-8m-8-n+\alpha}-2^{2d-\frac{n}{2}+4+\log d} \tag{7-5}$$

为简单起见，记

$$A'=\log 3-2\theta+4m+8,\quad B'=\log 3-\frac{n}{2}+4+\log d-2\theta+4m+8$$

$$C'=2d+4\theta-8m-8-n+\alpha,\quad D'=2d-\frac{n}{2}+4+\log d$$

则不等式(7-5)成立当且仅当 $0<2^{A'}-2^{B'}\leqslant 2^{C'}-2^{D'}$。

下面分三种情形讨论不等式(7-5)成立时的情形：

情形1　假设 $A'\geqslant C'$ 且 $B'\geqslant D'$。因为由 $B'\geqslant D'$ 可推出 $A'\geqslant C'$，我们只需考虑 $B'\geqslant D'$(即 $\log 3-2\theta+4m+8\geqslant 2d$)的情形。

令 $1-\epsilon=1-2^{-\frac{n}{2}+4+\log d}=2^{\rho'}$。

由 $\log 3+8+4m\geqslant 2d+2\theta$，$\alpha\leqslant n$，$m\geqslant 1$ 及 $\theta<0$，可得

$$\begin{aligned}-16&>-8m-8+4\theta-n+\alpha\\&=(\log 3+8+4m)+4\theta-12m-16-\log 3-n+\alpha\\&\geqslant 2d+2\theta+4\theta-12m-16-\log 3-n+\alpha\end{aligned}$$

令 $\rho'\geqslant -16$，则 $\rho'>2d+2\theta+4\theta-12m-16-\log 3-n+\alpha$。

因此，$\log 3+\rho'-2\theta+4m+8>2d+4\theta-8m-8-n+\alpha$，这与不等式(7-5)矛盾。

于是，当 $\epsilon\in(0,1-2^{-16}]$，$A'\geqslant C'$，且 $B'\geqslant D'$ 时，不等式(7-5)不成立。由定理7.2可知，只有当 ϵ 足够小时，相应的种子抽取器是有用的。因此假设 $\epsilon\in(0,1-2^{-16}]$。

情形2　假设 $A'\geqslant C'$ 且 $B'<D'$，则这与不等式(7-5)矛盾。

情形3　假设 $A'<C'$，则易知 $B'<D'$。因此只需考虑 $A'<C'$。由于 $A'>B'$，故 $C'>D'$，即 $4\theta-8m-12-\frac{n}{2}+\alpha>\log d$。

因此得到以下定理：

定理 7.5　假设$\epsilon=2^{-\frac{n}{2}+4+\log d}\in(0,1-2^{-16}]$且

$$2^{\log 3}\cdot\left(1-2^{-\frac{n}{2}+4+\log d}\right)\cdot 2^{-2\theta+4m+8}\leqslant 2^{2d+4\theta-8m-8-n+\alpha}-2^{2d-\frac{n}{2}+4+\log d}$$

则存在一个明确的$(\alpha,2^{\theta})$-安全的非延展抽取器 nmExt：$\{0,1\}^n\times\{0,1\}^d\rightarrow\{0,1\}^m$。

特别地，非延展抽取器的参数由不等式组

$$\begin{cases}\log 3-6\theta+16+12m+n-\alpha<2d\\ 4\theta-8m-12-\dfrac{n}{2}+\alpha>\log d\\ 2^{-\frac{n}{2}+4+\log d}\leqslant 1-2^{-16}\end{cases}\tag{7-6}$$

来确定，然后检查它们是否满足不等式

$$2^{\log 3-2\theta+4m+8}-2^{\log 3-\frac{n}{2}+4+\log d-2\theta+4m+8}\leqslant 2^{2d+4\theta-8m-8-n+\alpha}-2^{2d-\frac{n}{2}+4+\log d}$$

注 7.1　α 不能比$\dfrac{n}{2}$小，这是由于 $4\theta-8m-12-\dfrac{n}{2}+\alpha>\log d$。还可把 α 用$\left(\dfrac{1}{2}+\delta\right)n$ 来代替，这里 $0<\delta<\dfrac{1}{2}$。

7.4　具体应用

7.4.1　非延展抽取器在非延展编码中的应用

由 Dziembowski 等人提出的非延展编码适用于如下场景：若敌手对消息 x 的编码 Enc(x)进行篡改，把它腐化为 $\mathscr{A}(\mathrm{Enc}(x))$，他不能控制 x 和被腐化的编码 $f(\mathrm{Enc}(s))$所编码的消息[111]。因此，它提供了一个保护数据完整性且保证可能被篡改的存储信息的安全性的解决方法。

Cheraghchi 和 Guruswami 提供了一个利用无种子非延展抽取器构造非延展编码的方法[112]。本章研究表明，他们的方法可被修改以适用于种子非延展抽取器。首先，回顾编码方案和非延展编码的定义如下：

定义 7.4　称函数对 Enc：$\{0,1\}^m\rightarrow\{0,1\}^l$ 和 Dec：$\{0,1\}^l\rightarrow\{0,1\}^m\cup\{\perp\}$(其中 $m\leqslant l$)为块长度为 l、消息长度为 m 的编码方案，若下述条件成立：

(1) 解码 Dec 是确定性函数。编码 Enc 是随机函数，即在每次通话中它收到一系列硬币翻转序列，输出可能依赖于该序列。这个随机输入通常在表示中被忽略而暗含其中。因此对于任意 $x\in\{0,1\}^m$ 来说，Enc(x)是一个随机变量。

(2) 对于任意 $x\in\{0,1\}^m$ 来说，Dec(Enc(x))以概率 1 成立。

定义 7.5　称消息长度为 m，块长度为 l 的编码方案(Enc，Dec)为一个对于敌手

函数族 $\mathcal{F}=\{\mathcal{A}: \{0,1\}^d\to\{0,1\}^d\}$来说的误差为$\epsilon$的非延展编码，若对于任意敌手函数 $\mathcal{A}\in\mathcal{F}$来说，均存在$\{0,1\}^m\cup\{\perp,\text{same}\}$上的分布 $\mathcal{D}_{\mathcal{A}}$，使得下述结论成立：

令 $x\in\{0,1\}^m$，并定义随机变量 $X\overset{\text{def}}{=\!=}\text{Dec}(f(\text{Enc}(x)))$。令 X'为独立于 $\mathcal{D}_{\mathcal{A}}$ 的分布，则 $\|X-\text{copy}(X',x)\|_1\leqslant\epsilon$①。

下面给出结论：非延展编码可以利用定理 7.3 中的种子非延展抽取器来构造。与参考文献[112]中的构造方法相比，本章利用了非延展抽取器，而参考文献[112]则利用了无种子非延展抽取器。其证明与参考文献[112]的证明类似。

定理 7.6 假设 $nm\text{Ext}: \{0,1\}^{1\,024}\times\{0,1\}^{19}\to\{0,1\}$为定理 7.3 的证明中构造的一个(1 024，$\epsilon$)-安全的非延展抽取器，其中$\epsilon=2^{-510+\log 19}$。一个编码方案(Enc，Dec)定义如下：解码 Dec 定义为 $\text{Dec}(w,s)\overset{\text{def}}{=\!=}\text{nmExt}(w,s)$；编码函数 Enc 输入一条消息 x，输出 $\text{nmExt}^{-1}(x)$中的一个均匀随机串，则函数对(Enc,Dec)为一个对于任意敌手函数 $\mathcal{A}: \{0,1\}^{19}\to\{0,1\}^{19}$ 来说的误差为$\epsilon\cdot\left(2^{-19}\cdot\dfrac{\epsilon+1}{2}+1\right)$的非延展编码。

7.4.2 非延展抽取器在隐私放大协议中的应用

本部分研究非延展抽取器如何应用于 Dodis 和 Wichs[58-59]提出的隐私放大协议(也称为信息论意义下的密钥交换协议)。

粗略地说，在该情景下，Alice 和 Bob 分享一个弱随机秘密 W，该秘密的最小熵已知。他们在一个公共的未经认证的信道中交互信息，目标是安全地商定一个几乎均匀随机的密钥 R，这里攻击者 Eve 为活跃且计算能力无限的。为实现这一目标，相应的协议设计如表 7-1 所列。

表 7-1 Dodis-Wichs 隐私放大协议

Alice：W	Eve	Bob：W
选择均匀随机的 S。		
	$S\to S'$	
		选择均匀随机的 S_0。 $R'=\text{nmExt}(W,S')$ $T_0=\text{MAC}_{R'}(S_0)$ 得到状态 KeyDerived。 输出 $R_B=\text{Ext}(W,S_0)$
	$(S_0',T_0')\leftarrow(S_0,T_0)$	
$R=\text{nmExt}(W,S)$ 若 $T_0'\neq\text{MAC}_R(S_0')$，则输出 $R_A=\perp$； 否则得到状态 KeyConfirmed，并输出 $R_A=\text{Ext}(W,S_0')$		

① 为了与定义 7.3 保持一致，这里利用 L_1 模而非统计距离。

定义 7.6　（见参考文献[57,59]）在一个(n,α,m,δ)-隐私放大协议（或信息论上的密钥交换协议）中，Alice 和 Bob 分享一个弱随机秘密 W，有两个候选密钥 r_A，$r_B\in\{0,1\}^m\cup\{\perp\}$。

对于 Eve 的任意攻击性策略来说，记两个随机变量 R_A、R_B 为协议执行中的候选密钥 r_A、r_B 的值，随机变量 T_E 为可被 Eve 看到的（整个）协议执行中脚本记录。我们要求对于任意最小熵至少为 α 的秘密 W 来说，协议满足以下三条性质：

（1）正确性（Correctness）：若 Eve 是被动的，则一方收到状态，另一方收到状态 KeyConfirmed，且 $R_A=R_B$。

（2）隐私性（Privacy）：记 KeyDerived_A 和 KeyDerived_B 为 Alice 和 Bob 分别收到 KeyDerived 状态这一事件的指示符，则对于 Eve 的任意攻击性策略来说，若 Bob 在协议执行中收到状态 KeyDerived_B，则 $\text{SD}(R_B,U_m\mid T_E)\leqslant\delta$；若 Alice 在协议执行中收到状态 KeyDerived_A，则 $\text{SD}(R_A,U_m\mid T_E)\leqslant\delta$。

（3）真实性（Authenticity）：记 KeyConfirmed_A 和 KeyConfirmed_B 为 Alice 和 Bob 分别收到状态 KeyConfirmed 这一事件的指示符，则对于 Eve 的任意攻击性策略来说，均有

$$\Pr[(\text{KeyConfirmed}_A\vee\text{KeyConfirmed}_B)\wedge R_A\neq R_B]\leqslant\delta$$

假设我们将认证种子 S_0。Alice 通过把一个均匀随机种子发给 Bob 来发起谈话。在该传输中，S 可能被 Eve 修改为任意值 S'。然后 Bob 抽取均匀随机种子 S_0，计算认证密钥 $R'=\text{nmExt}(W,S')$，把 S_0 及认证标签 $T_0=\text{MAC}_{R'}(S_0)$一块发给 Alice。此时，Bob 收到状态 KeyDerived，并输出 $R_B=\text{Ext}(W,S_0)$。在该传输中，(S_0,T_0)可能被 Eve 修改为任意对(S_0',T_0')。Alice 计算认证密钥 $R=\text{nmExt}(W,S)$并验证 $T_0'=\text{MAC}_R(S_0')$。若认证失败，则 Alice 拒绝，并输出 $R_A=\perp$；否则，Alice 收到状态 KeyConfirmed，并输出 $R_A=\text{nmExt}(W,S_0')$。

安全性可分两种情形来分析[57-58]。

情形 1：Eve 在第一轮中并未修改种子 S，则 Alice 和 Bob 分享相同的认证密钥（即 $R'=R$），该密钥在统计意义上接近于均匀分布，从而对于任意种子 $S'_0\neq S_0$ 来说，Eve 仅能以可忽略的概率得到合理的认证标签 T_0'。

情形 2：Eve 把种子 S 修改为一个不同的种子 S'。由于 T_0 为关于 S_0 和 R'的一个确定性函数，Eve 可以猜测 R'。由非延展抽取器的定义，由 Alice 计算的认证密钥 R 仍然在统计意义上接近于均匀分布。因此，对于任意种子 S_0'来说，敌手仅仅有一个可忽略的概率来计算关于认证密钥 R 的合理的认证 T_0'。相应地，上述协议是安全的。

定理 7.7　（见参考文献[57,59]）假设 $\text{nmExt}:\{0,1\}^n\times\{0,1\}^{d_1}\rightarrow\{0,1\}^{m_1}$ 为一个$(\alpha,\epsilon_{\text{nmExt}})$-安全的非延展抽取器，$\text{Ext}:\{0,1\}^n\times\{0,1\}^{d_2}\rightarrow\{0,1\}^{m_2}$ 为一个强的$\left(\alpha-(d_1+m_1)-\log\dfrac{1}{\epsilon'},\epsilon_{\text{Ext}}\right)$-安全的抽取器，且$\{\text{MAC}_r:\{0,1\}^{d_2}\rightarrow\{0,1\}^{\tau}\}_{r\in\{0,1\}^{m_1}}$

为一个 ε_{MAC}-安全的消息认证码，则对于任意整数 n 及 $\alpha<n$ 来说，表 7-1 中的协议为一个 2-轮 (n,α,m,δ)-隐私放大协议，其交互复杂度为 $d_1+d_2+\tau$，且 $\delta=\max\{\epsilon'+\epsilon_{Ext},\epsilon_{nmExt}+\varepsilon_{MAC}\}$ 成立。

本章中的明确的非延展抽取器可被用来构造交互复杂度低的隐私放大协议。

7.5 本章小结

非延展抽取器是一个用来研究隐私放大协议的强有力的理论工具，其中敌手为活跃且计算能力无限的。本章对由 Raz 引入的抽取器的误差估计进行改进。在改进的基础上，得到了种子更短的非延展抽取器的一个明确的改进的构造方法。与参考文献[57]类似，本章的构造也是建立在关于线性检测有小的偏差的随机变量序列的基础上的。然而，这里的参数有大的改进。更确切地，本章给出了明确的(1 016，1/2)-安全的非延展抽取器 nmExt：$\{0,1\}^{2^{10}}\times\{0,1\}^d\rightarrow\{0,1\}$，其种子长度为 19；而根据 Cohen 等人在 CCC'12 中的结论[57]，种子的长度大于或等于 46/63+66。本章还对参考文献[57]中的一般明确的非延展抽取器的参数进行改进，并分析对参数限制的化简情况。如何进一步简化参数限制是一个公开问题。最后，本章给出了非延展抽取器在非延展编码和隐私放大协议(或信息论上的密钥交换协议)中的应用。

参考文献

[1] Bacon A. Randomness and Cryptography with Yevgeniy Dodis. FACULTY RESEARCH. Courant Newsletter [EB/OL]. Spring 2019: 4-5. [2022-12-10]. https://cs.nyu.edu/~dodis/courant-article.pdf.

[2] Boyen X, Dodis Y, Katz J, et al. Secure remote authentication using biometric data [C]. EUROCRYPT 2005, vol. 3494 of LNCS, 2005: 147-163.

[3] Dodis Y, Ostrovsky R, Reyzin L, et al. Fuzzy extractors: How to generate strong keys from biometrics and other noisy data [J]. SIAM Journal on Computing, 2008, 38(1): 97-139.

[4] Barak B, Halevi S. A model and architecture for pseudo-random generation with applications to /dev/random [C]. ACM Conference on Computer and Communications Security, 2005: 203-212.

[5] Barak B, Shaltiel R, Tromer E. True random number generators secure in a changing environment [C]. the 5th Cryptographic Hardware and Embedded Systems, 2003: 166-180.

[6] Gennaro R, Krawczyk H, Rabin T. Secure hashed diffie-hellman over non-ddh groups [C]. EUROCRYPT 2004, vol. 3027 of LNCS, 2004: 361-381.

[7] Krawczyk H. Cryptographic Extraction and Key Derivation: The HKDF Scheme [C]. CRYPTO 2010, vol. 6223 of LNCS, 2010: 631-648.

[8] Andreev A E, Clementi A E F, Rolim J D P, et al. Weak random sources, hitting sets, and BPP simulations [J]. SIAM J. Comput., 1999, 28(6): 2103-2116.

[9] Blum M. Independent unbiased coin-flips from a correclated biased source-a finite state Markov chain [J]. Combinatorica, 1986, 6(2): 97-108.

[10] Chor B, Friedman J, Goldreich O, et al. The Bit Extraction Problem or t-resilient Functions [C]. FOCS 1985, IEEE Computer Society, 1985: 396-407.

[11] Chor B, Goldreich O. Unbiased bits from sources of weak randomness and probabilistic communication complexity [J]. SIAM J. Comput., 1988, 17(2): 230-261.

[12] Dodis Y. New Imperfect Random Source with Applications to Coin-Flipping [C]. ICALP 2001, vol. 2076 of LNCS, 2001: 297-309.

[13] Lichtenstein D, Linial N, Saks M E. Some extremal problems arising form discrete control processes [J]. Combinatorica, 1989, 9(3): 269-287.

[14] Santha M, Vazirani U V. Generating quasi-random sequences from semirandom sources [J]. J. Comput. Syst. Sci., 1986, 33(1): 75-87.

[15] von Neumann J. Various techniques used in connection with random digits [J]. In National Bureau of Standards, Applied Math. Series, 1951, 12: 36-38.

[16] Zuckerman D. Simulating BPP using a general weak random source [J]. Algorithmica, 1996, 16(4/5): 367-391.

[17] Dodis Y, Yao Y Q. Privacy with Imperfect Randomness [C]. CRYPTO 2015, vol. 9216 of LNCS, 2015: 463-482.

[18] Vazirani U V, Vazirani V V. Random polynomial time is equal to slightly random polynomial time [C]. FOCS 1985, IEEE Computer Society, 1985: 417-428.

[19] Dodis Y, Katz J, Reyzin L, et al. Robust fuzzy extractors and authenticated key agreement from close secrets [C]. CRYPTO 2006, vol. 4117 of LNCS, 2006: 232-250.

[20] Maurer U M, Wolf S. Privacy amplification secure against active adversaries [C]. CRYPTO 1997, vol. 1294 of LNCS, 1997: 307-321.

[21] Austrin P, Chung K M, Mahmoody M, et al. On the Impossibility of Cryptography with Tamperable Randomness [C]. CRYPTO 2014, vol. 8616 of LNCS, 2014: 462-479.

[22] Dodis Y, Ong S J, Prabhakaran M, et al. On the (im)possibility of cryptography with imperfect randomness [C]. FOCS 2004, IEEE Computer Society, 2004: 196-205.

[23] Bosley C, Dodis Y. Does privacy require true randomness? [C]. TCC 2007, vol. 4392 of LNCS, 2007: 1-20.

[24] Dodis Y. Exposure-Resilient Cryptography [D/OL]. Cambridge: Massachussetts Institute of Technology, August 2000. [2022-05-12]. https://cs.nyu.edu/~dodis/ps/phd-thesis.pdf.

[25] Dodis Y, Reyzin L, Smith A D. Fuzzy Extractors: How to Generate Strong Keys from Biometrics and Other Noisy Data [C]. EUROCRYPT 2004, vol. 3027 of LNCS, 2004: 523-540.

[26] Li X. Distributed Computing and Cryptography with General Weak Random Sources [D/OL]. Austin: The University of Texas at Austin, August 2011. [2023-01-10]. https://www.cs.jhu.edu/lixints/thesis2.pdf.

[27] Vadhan S P. Pseudorandomness [M]. Foundations and Trends ® in Theoretical Computer Science, 2011, 7(1-3): 1-336.

[28] Backes M, Kate A, Meiser S, et al. Secrecy without perfect randomness: Cryptography with (bounded) weak sources [C]. ACNS 2015, vol. 9092 of LNCS, 2015: 675-695.

[29] Bellare M, Brakerski Z, Naor M, et al. Hedged public-key encryption: how to protect against bad randomness [C]. ASIACRYPT 2009, vol. 5912 of LNCS, 2009: 232-249.

[30] Aggarwal D, Obremski M, Ribeiro J, et al. How to extract useful randomness from unreliable sources [C]. EUROCRYPT 2020, vol. 12105 of LNCS, 2020: 343-372.

[31] Canetti R, Pass R, Shelat A. Cryptography from sunspots: how to use an imperfect reference string [C]. FOCS 2007, IEEE Computer Society, 2007: 249-259.

[32] Dodis Y, Yu Y. Overcoming Weak Expectations [C]. TCC 2013, vol. 7785 of LNCS, 2013: 1-22.

[33] Stallings W. 密码编码学与网络安全——原理与实践 [M]. 7 版. 王后珍，李莉，杜瑞颖，等译. 北京：电子工业出版社，2017.

[34] Dodis Y, Shamir A, Stephens-Davidowitz N, et al. How to Eat Your Entropy and Have It Too-Optimal Recovery Strategies for Compromised RNGs [C]. CRYPTO 2014, 8617 of LNCS, 2014: 37-54.

[35] McInnes J L, Pinkas B. On the impossibility of private key cryptography with weakly random keys [C]. CRYPTO 1990, vol. 537 of LNCS, 1990: 421-435.

[36] Dodis Y, Spencer J. On the (non)Universality of the One-Time Pad [C]. FOCS 2002, IEEE Computer Society, 2002: 376-385.

[37] Aggarwal D, Chung E, Obremski M, et al. On Secret Sharing, Randomness, and Randomless Reductions for Secret Sharing [C]. TCC 2022, vol. 13747 of LNCS, 2022: 327-354.

[38] Dodis Y, López-Alt A, Mironov I, et al. Differential Privacy with Imperfect Randomness [C]. CRYPTO 2012, vol. 7417 of LNCS, 2012: 497-516.

[39] Dwork C, McSherry F, Nissim K, et al. Calibrating noise to sensitivity in private data analysis [C]. TCC 2006, vol. 3876 of LNCS, 2006: 265-284.

[40] Ghosh A, Roughgarden T, Sundararajan M. Universally utilitymaximizing privacy mechanisms [C]. STOC 2009, ACM, 2009: 351-360.

[41] Hardt M, Talwar K. On the geometry of differential privacy [C]. STOC 2010, ACM, 2010: 705-714.

[42] Rényi A. On measures of information and entropy [C]. the 4th Berkeley Symposium on Mathematics, Statistics and Probability, 1960: 547-561.

[43] Hayashi M. Tight exponential analysis of universally composable privacy amplification and its applications [J]. IEEE Transactions on Information Theory, 2013, 59: 7728-7746.

[44] Hayashi M. Exponential decreasing rate of leaked information in universal random privacy amplification [J]. IEEE Transactions on Information Theory, 2011, 57(6): 3989-4001.

[45] Shannon C E. Communication theory of secrecy systems [J]. Bell Tech. J. 1949, 28: 656-715.

[46] Dodis Y. Shannon impossibility, revisited [C]. Proc. of the 6th International Conference on Information Theoretic Security (ICITS 2012), vol. 7412 of LNCS, 2012: 100-110.

[47] Alimomeni M, Safavi-Naini R. Guessing secrecy [C]. the 6th International Conference on Information Theoretic Security (ICITS 2012), vol. 7412 of LNCS, 2012: 1-13.

[48] Iwamoto M, Shikata J. Information Theoretic Security for Encryption Based on Conditional Réyi Entropies [C]. ICITS 2013, vol. 8317 of LNCS, 2014: 103-121.

[49] Blum M, Micali S. How to Generate Cryptographically Strong Sequences of Pseudo-Random Bits [J]. SIAM J. Comput., 1984, 13(4): 850-864.

[50] Håstad J, Impagliazzo R, Levin L A, et al. A pseudorandom generator from any one-way function [J]. SIAM J. Comput, 1999, 28(4): 1364-1396.

[51] Yao A C. Theory and applications of trapdoor functions [C]. FOCS 1982, IEEE Computer Society, 1982: 80-91.

[52] Shaltiel R. Recent developments in explicit constructions of extractors [J]. vol. 77 of Bulletin of the EATCS, 2002: 67-95.

[53] Li X. Non-malleable extractors, two-source extractors and privacy amplification [C]. FOCS 2012, IEEE Computer Society, 2012: 688-697.

[54] Vadhan S. Randomness extractors and their many guises: Invited tutorial [C]. FOCS 2002,

IEEE Computer Society, 2002: 9.
[55] Nisan N, Zuckerman D. Randomness is linear in space [J]. J. Comput. Syst. Sci., 1996, 52(1): 43-52.
[56] Chandran N, Kanukurthi B, Ostrovsky R, et al. Privacy amplification with asymptotically optimal entropy loss [C]. STOC 2010, ACM, 2010: 785-794.
[57] Cohen G, Raz R, Segev G. Non-malleable Extractors with Short Seeds and Applications to Privacy Amplification [C]. CCC 2012, IEEE Computer Society, 2012: 298-308.
[58] Dodis Y, Li X, Wooley T D, et al. Privacy amplification and non-malleable extractors via character sums [C]. FOCS 2011, IEEE Computer Society, 2011: 668-677.
[59] Dodis Y, Wichs D. Non-malleable extractors and symmetric key cryptography from weak secrets [C]. STOC 2009, ACM, 2009: 601-610.
[60] Kanukurthi B, Reyzin L. Key agreement from close secrets over unsecured channels [C]. EUROCRYPT 2009, vol. 5479 of LNCS, 2009: 206-223.
[61] Renner R, Wolf S. Unconditional authenticity and privacy from an arbitrarily weak secret [C]. CRYPTO 2003, vol. 2729 of LNCS, 2003: 78-95.
[62] Wolf S. Strong security against active attacks in information-theoretic secret-key agreement [C]. ASIACRYPT 1998, vol. 1514 of LNCS, 1998: 405-419.
[63] Raz R. Extractors with weak random seeds [C]. STOC 2005, ACM, 2005: 11-20.
[64] Fuller B, Reyzin L. Computational entropy and information leakage [R]. Cryptology Eprint Archive Report, 2012: 466.
[65] 傅祖芸. 信息论——基础理论与应用[M]. 2 版. 北京：电子工业出版社，2006.
[66] Barak B, Shaltiel R, Wigderson A. Computational analogues of entropy [C]. 6th APPROX / 7th RANDOM 2003, vol. 2764 of LNCS, 2003: 200-215.
[67] Hsiao C Y, Lu C J, Reyzin L. Conditional Computational Entropy, or Toward Separating Pseudoentropy from Compressibility [C]. EUROCRYPT 2007, vol. 4515 of LNCS, 2007: 169-186.
[68] Evans D, Kolesnikov V, Rosulek M. A Pragmatic Introduction to Secure Multi-Party Computation [M]. Now Foundations and Trends, 2018.
[69] Evans D, Kolesnikov V, Rosulek M. 实用安全多方计算导论 [M]. 刘巍然，丁晟超，译. 北京：机械工业出版社，2021.
[70] Carter J L, Wegman M N. Universal Classes of Hash Functions [J]. J. Comput. Syst. Sci., 1979, 18(2): 143-154.
[71] Reingold O. No Deterministic Extraction from Santha-Vazirani Sources: a Simple Proof [EB/OL]. (2012-02-21)[2022-01-10]. https://windowsontheory.org/2012/02/21/no-deterministic-extraction-from-santha-vazirani-sources-a-simple-proof/.
[72] Dwork C. Differential Privacy: A Survey of Results [C]. TAMC 2008, vol. 4978 of LNCS, 2008: 1-19.
[73] Dodis Y. SV-robust Mechanisms and Bias-Control Limited Source [EB/OL]. Spring 2014. [2017-05-11]. http://www.cs.nyu.edu/courses/spring14/CSCI-GA.322\\0-001/

lecture5. pdf.
[74] Yao Y Q, Li Z J. Differential Privacy With Bias-Control Limited Sources [J]. IEEE Transactions on Information Forensics and Security, 2018, 13(5): 1230-1241.
[75] Dwork C. Differential Privacy [C]. ICALP 2006, vol. 4052 of LNCS, 2006: 1-12.
[76] 维克多. 隐私计算的前沿进展 [EB/OL]. (2022-01-17)[2022-05-03]. https://baijiahao.baidu.com/s? id=1722168169526422376&wfr=spider&for=pc.
[77] 简书. 隐私保护计算：基础知识 [EB/OL]. (2021-01-20)[2022-05-03]. https://www.jianshu.com/p/c6852e64d5a2.
[78] Yao Y Q, Li Z J. Security of Weak Secrets based Cryptographic Primitives via the Rényi Entropy [J]. IET Information Security, 2016, 10(6): 442-450.
[79] Yao Y Q, Li Z J. Overcoming Weak Expectations via the Rényi Entropy and the Expanded Computational Entropy [C]. Information Theoretic Security-7 International Conference, ICITS 2013, vol. 8317 of LNCS, 2014: 162-178.
[80] Barak B, Dodis Y, Krawczyk H, et al. Leftover hash lemma, revisited [C]. CRYPTO 2011, vol. 6841 of LNCS, 2011: 1-20.
[81] Abualrub M S, Sulaiman W T. A Note on Hölder's Inequality [J]. International Mathematical Forum Journal, 2009, 4(40): 1993-1995.
[82] Dachman-Soled D, Gennaro R, Krawczyk H, et al. Computational Extractors and Pseudorandomness [C]. TCC 2012, vol. 7194 of LNCS, 2012: 383-403.
[83] Raz R, Reingold O. On recycling the randomness of states in space bounded computation [C]. SOTC 1999, ACM, 1999: 159-168.
[84] Reingold O, Shaltiel R, Wigderson A. Extracting randomness via repeated condensing [J]. SIAM J. Comput., 2006, 35(5): 1185-1209.
[85] Bellare M, Tessaro S, Vardy A. Semantic security for the wiretap channel [C]. CRYPTO 2012, vol. 7417 of LNCS, 2012: 294-311.
[86] Cuff P, Yu L Q. Differential Privacy as a Mutual Information Constraint [C]. CCS 2016, ACM, 2016: 43-54.
[87] Csiszár I, Körner J. Broadcast channels with confidential messages [J]. IEEE Transactions on Information Theory, 1978, 24(3): 339-348.
[88] Wyner A D. The wire-tap channel [J]. Bell Systems Tech. Journal, 1975, 54(8): 1355-1387.
[89] Csiszár I. Almost independence and secrecy capacity [A]. Problems of Information Transmission, 1996, 32(1): 40-47.
[90] Damgard I, Pedersen T, Pfitzmann B. Statistical secrecy and multibit commitments [J]. IEEE Transactions on Information Theory, 1998, 44(3): 1143-1151.
[91] Iwamoto M, Ohta K. Security notions for information theoretically secure encryptions [C]. the 2011 IEEE International Symposium on Information Theory, IEEE 2011:1777-1781.
[92] Zhang Z M. Estimating mutual information via kolmogorov distance [J]. IEEE Transactions on Information Theory, 2007, 53(9): 3280-3282.

[93] McGregor A, Mironov I, Pitassi T, et al. The limits of two-party differential privacy [C]. FOCS 2010, IEEE Computer Society, 2010: 81-90.

[94] De A. Lower bounds in differential privacy [C]. TCC 2012, vol. 7194 of LNCS, 2012: 321-338.

[95] Alvim M S, Andrés M E, Chatzikokolakis K, et al. Differential privacy: on the trade-off between utility and information leakage [C]. Formal Aspects of Security and Trust - 8th International Workshop, FAST 2011, vol. 7140 of LNCS, 2012: 39-54.

[96] Barthe G, Köpf B. Information-theoretic bounds for differentially private mechanisms [C]. IEEE 24th Computer Security Foundations Symposium, CSF 2011, IEEE Computer Society 2011: 191-204.

[97] Duchi J C, Jordan M I, Wainwright M J. Local privacy and statistical minimax rates [C]. IEEE 54th Annual Symposium on Foundations of Computer Science, 2013, IEEE Computer Society, 2013: 429-438.

[98] Wang W, Ying L, Zhang J. On the relation between identifiability, differential privacy, and mutual information privacy [C]. 52nd Annual Allerton Conference on Communication, Control, and Computing, 2014, IEEE, 2014: 1086-1092.

[99] Verdú S. α-mutual information [R]. Information Theory and Applications Workshop, 2015, IEEE, 2015: 1-6.

[100] Arimoto S. Information measures and capacity of order α for discrete memoryless channels [J]. Topics in Information Theory, 1975: 41-52.

[101] Bellare M, Tessaro S, Vardy A. A cryptographic treatment of the wiretap channel [R]. Cryptology Eprint Archive Report, 2012: 15.

[102] Yao Y Q. A Generalized Constraint of Privacy: α-Mutual Information Security [J]. IEEE Access, 2019, 7: 36122-36131.

[103] Vadhan S P. Pseudorandomness [M]. Foundations and Trends in Theoretical Computer Science, 2012, 7(1-3): 1-336.

[104] Cover T, Thomas J A. Elements of information theory[M]. 2nd ed. Wiley-Interscience, New York: NY, USA, 2006: 1-774.

[105] Ho S, Yeung R. The interplay between entropy and variational distance [J]. IEEE Transactions on Information Theory, 2010, 56(12): 5906-5929.

[106] Dodis Y. Lecture 2: Optimality of One-time MACs and Shannon Impossibility [R]. Spring 2014. [2017-05-11]. http://www.cs.nyu.edu/courses/spring14/CSCI-GA.3220-001/lecture2.pdf.

[107] Prugovečki E. Quantum mechanics in Hilbert space[M]. 2nd ed. Academic Press, 1981.

[108] Yao Y Q, Li Z J. Non-Malleable Extractors with Shorter Seeds and Their Applications [C]. Indocrypt 2015, vol. 9462 of LNCS, 2015: 293-311.

[109] Zuckerman D. Linear degree extractors and the inapproximability of max clique and chromatic number [C]. STOC 2006, ACM, 2006: 681-690.

[110] Alon N, Goldreich O, Hastad J, et al. Simple construction of almost k-wise independent

random variables [J]. Random Structures and Algorithms, 1992, 3(3): 289-304.

[111] Dziembowski S, Pietrzak K, Wichs D. Non-malleable codes [C]. Innovations in Computer Science (ICS 2010), Tsinghua University Press, 2010: 434-452.

[112] Cheraghchi M, Guruswami V. Non-malleable Coding against Bit-Wise and Split-State Tampering [C]. TCC 2014, vol. 8349 of LNCS, 2014: 440-464.